科普信息化丛书
丛书主编 ◎ 王康友

SHUSHUO KEPU XUQIUCE
WANGMIN KEPU XINGWEI SHUJU FENXI

数说科普需求侧
——网民科普行为数据分析

钟 琦 胡俊平 武 丹 王黎明 著

科学出版社
北京

图书在版编目(CIP)数据

数说科普需求侧：网民科普行为数据分析 / 钟琦等著. —北京：科学出版社，2016.8

（科普信息化丛书 / 王康友主编）

ISBN 978-7-03-049616-4

Ⅰ.①数⋯　Ⅱ.①钟⋯　Ⅲ.①科学普及–数据处理　Ⅳ.①N4

中国版本图书馆 CIP 数据核字（2016）第194789号

责任编辑：张　莉 / 责任校对：郑金红
责任印制：徐晓晨 / 封面设计：有道文化

编辑部电话：010-64035853
E-mail:houjunlin@mail.sciencep.com

科　学　出　版　社 出版
北京东黄城根北街16号
邮政编码：100717
http://www.sciencep.com

北京建宏印刷有限公司 印刷
科学出版社发行　各地新华书店经销
*

2016年9月第　一　版　　开本：720×1000　1/16
2017年11月第二次印刷　印张：14 1/2
字数：180 000
定价：58.00元
（如有印装质量问题，我社负责调换）

序

习近平总书记在全国科技创新大会、两院院士大会和中国科协第九次全国代表大会上强调,科技创新、科学普及是实现创新发展的两翼,要把科学普及放在与科技创新同等重要的位置。总书记的讲话充分肯定了科普的突出地位、独特作用和历史使命,同时对科普事业的发展寄予了殷切的期望。

历经农业革命和工业革命,人类社会正处于信息革命的潮头浪尖。互联网越来越成为人们学习、工作、生活的新空间,越来越成为获取公共服务的新平台。让科技知识在网络和生活中流行,是科普工作者为之奋发蹈厉的发展愿景。为公众提供科学权威、喜闻乐见的科普内容是科普工作者的责任和使命,而科普只有与时俱进地创新发展,才能适应时代和公众的需求,使蕴藏在亿万民众中间的创新智慧充分释放、创新力量充分涌流。开展科普信息化建设正是打造更强的科学普及之翼、并使之与科技创新之翼均衡协调的最有效举措。

科普信息化从2014年着手顶层设计和规划,2015年正式启动建设项目。在政策环境方面,《中国科协关于加强科普信息化建设的意见》业已出台;实施科普信息化工程的任务已纳入国务院颁布的《全民科学素质行动计划纲要实施方案(2016—2020年)》。当前,科普信息化建设正处于落地生根的关键阶段,要求我们接长手臂、扎根基层、达成共识,发挥好每一位基层科普工作者的能动性和创造力。科普信息化的内涵和特征是什么、如何开展科普供给侧的结构性调整、如何精准洞察和感知公众的科普需求等一系列备受科普工作者关注的基础理论和实践问题，亟需研究者在深度调研和周密思辨后作出回应，并以迭代发展的眼光去不断完善。这将凝聚科普信息化事业向前推进的合力，激发科普创新发展的新动能。

未来，科普信息化建设依然充满挑战。很高兴中国科普研究所的研究人员开展了扎实的研究工作并取得了阶段性成果。希望"科普信息化丛书"的出版，能够给读者特别是广大一线科普工作者带来认知和实践能力的提升，为贯彻落实中国科协九大精神、深入推进科普信息化建设发挥积极作用。

2016年7月

前 言

开放、共享、协作、参与的互联网精神塑造了特有基因的互联网网民。在信息爆炸的时代,科普信息与其他信息共存于拥有海量数据的互联网新平台。科普信息本身所承载的科学、理性的文化特征,使网民的信息获取和分享等行为在表现出共性之余又平添了几分特色。借助便捷的互联网,网民个性化的科普需求可以得到很大程度的满足;作为互联网空间的连接节点,高素质的传播者能让更多的人分享到有价值、能信赖的科普信息;作为一个理性的网民,对于蕴含科技相关问题的热点新闻的观察和思考的角度更为别致和透彻。在科普工作领域,只有掌握了网民科普行为的特征和规律,才能更贴近网民需求,推送更符合需求侧的科普内容。

为此,在科普信息化元年,中国科学技术协会科学普及部部长杨文志和时任中国科普研究所所长罗晖策划设立了基于互联网的科普数据分析课题,课题组由中国科普研究所研究员钟琦担任组长,副研究员胡俊平、助理研究员武丹和王黎明、王艳丽为课题组成员。课题组分别与百度、新华网和腾讯网合作,全面开展中国网民科普行为研究。本书就是开展网民科普行为数据分析的研究成果,是中国科普研究所现任所长王康友策划主编的"科普信息化丛书"中的一册,共分为四章。第一章总述科普信息化背景下网民科普行为的界定、内涵分解,论述网民科普行为数据映射的科普需求侧现状，以及数据采集和分析技术流程规范等（由胡俊平执笔）。第二章是关于网民科普需求搜索行为的数据分析，包括详细的技术路线、分析平台功能、2015年4个季度的报告、2015年年度报告以及相关的特征分析、思考与建议等（由武丹执笔）。第三章是关于网络科普舆情的数据分析，包括详细的技术路线、数据平台功能、2015年典型舆情周报和月报、特征数据分析等（由王艳丽执笔）。第四章从信息传播技术的角度来审视科普信息化，包括科普信息化发展的时代语境和技术解读、如何用网民行为数据来实现对科普内容和用户的管理、如何优化科普信息化的资源和决策等思考（由王黎明、钟琦执笔）。附件包含2015年11月发布的《移动互联网网民科普获取和传播行为报告》，以及2015年各期科普中国实时探针舆情周报和月报。

  本书的原始数据来源于百度、新华网和腾讯网。书中引用的案例基于2015年中国科学技术协会科学普及部、中国科普研究所与上述公司的精诚合作。在此向提供数据支持和帮助的合作伙伴表示最诚挚的谢意！

  基于迭代发展的研究理念，今后数据分析研究内容将逐渐增加分析研究的维度，并不断加大研究深度，也将尝试不同研究体系之间的交叉互补分析，以期读者通过阅读本书，对中国网民科普需求有更全面和立体式的认识，融入具体实践中，推动科普创新工作的转型升级。

全体作者
2016年3月

目 录
Contents

序 /i

前言 /iii

第一章 科普信息化背景下的网民科普行为分析 /001

　　第一节　科普信息化引领科普创新驱动发展 /001

　　第二节　网民科普行为数据映射科普需求侧现状 /004

　　第三节　网民科普行为数据的采集与分析 /008

第二章 网民科普需求搜索行为研究 /011

　　第一节　科普需求数据研究方案 /012

　　第二节　2015年中国网民科普需求搜索行为季度报告 /017

　　第三节　2015年中国网民科普需求搜索行为年度报告 /039

　　第四节　中国网民科普需求搜索行为相关分析 /049

　　第五节　思考与建议 /056

第三章 网络科普舆情研究 /060

　　第一节　科普舆情系统平台建设 /061

第二节　网络科普舆情研究周报　/065

第三节　网络科普舆情研究月报　/077

第四节　科普舆情系统数据分析　/087

第四章　深入运用信息传播技术开展科普信息化建设　/098

第一节　科普信息化的时代语境　/099

第二节　科普信息化的技术解读　/103

第三节　从监测到管理：用数据决策　/109

第四节　资源、策略和目标的结构性调整　/122

附录一　移动互联网网民科普获取和传播行为报告　/126

附录二　科普中国实时探针舆情周报　/134

附录三　科普中国实时探针舆情月报　/200

第一章 科普信息化背景下的网民科普行为分析

数/说/科/普/需/求/侧

当今世界，以数字化、网络化、智能化为标志的现代信息通信技术（ICTs）发展日新月异，互联网日益成为创新驱动发展的先导力量，对国际政治、经济、文化和社会等领域的发展产生深刻影响，有力地推动着社会进步，也深刻改变着人们的生产生活方式。信息化和经济全球化相互促进，不仅带来信息总量的爆炸式增长，同时也使信息传播渠道和表达方式更加多元化。

第一节 科普信息化引领科普创新驱动发展

互联网等信息技术是引领科普现代化的技术支撑，是科普创新驱动发展的先导力量。而网民科普需求的个性化、多元化发展态势，反过来加速了科普创新发展的步伐。"互联网＋科普"的深度融合将带来现代科普体系的美好愿景。

一、互联网等信息技术建构了科普社区的新空间

互联网和移动互联网快速融入人们的日常生活。截至 2015 年 12 月，中国网民规模达到 6.88 亿，其中手机网民规模达 6.20 亿，互联网普及率为 50.3%[1]。

---

[1] CNNIC. CNNIC 发布第 37 次《中国互联网络发展状况统计报告》. http://cnnic.cn/gywm/xwzx/rdxw/2015/201601/t20160122_53283.htm [2016-04-10].

现在多数科普对象活跃在网上，网络社区成为6亿多网民的重要活动空间，也成为公众获取公共服务的新平台。只有建设高质量的"网络科普"或"互联网＋科普"的阵地，将科普融入网络社区空间，才能让科普紧贴公众，真正起到提升公民科学素质水平的效用。

二、互联网等信息技术激发了公众的科普新需求

互联网技术的普及应用重塑了互联网人群的聚集方式，使人们的学习、交流和思维方式发生重大变革。第九次中国公民科学素质调查表明，通过网络获取科技信息的公众比例从2010年的26.6%提高到2015年的53.4%[1]。互联网上丰富的内容和泛在的服务使个性化和碎片式的学习成为可能，受众越来越注重在网络学习中获得情境化和多元感知的综合体验。虚拟现实、增强现实、智能穿戴等技术越来越多地应用于互联网科普产品中，沉浸式体验满足了科普受众追求虚拟与现实无限接近的交互需求。

三、互联网等信息技术倒逼了科普服务新方式的产生

公众获取信息的方式日益呈现碎片化、泛在化、个性化、互动性的特点，倒逼泛在、精准、交互式的科普服务成为必然趋势。多媒体技术发展出数字化、立体化和情境化的科普信息形态，云计算和智能技术催生出便捷性、泛在性和主动性的传播触发场景，移动互联和大数据挖掘技术创造出互动型、共享型和差异型的用户知识联结。信息形态、触发场景和知识联结中蕴含的数字化、网络化和智能化特点要求科普服务向着更为多元、适需和集约的方式转变。

四、科普信息化工程彰显"互联网＋科普"的深度融合优势

在此时代语境下，中国科学技术协会（以下简称中国科协）于2014年启动了科普信息化的顶层设计规划；同年12月，发布了《中国科协关于加强科普信息化建设的意见》[2]。总体目标是：科普工作要适应信息社会发展，弘扬

---

[1] 中国科协.中国科协发布第九次中国公民科学素质调查结果. http://www.cast.org.cn/n35081/n35096/n10225918/16670746.html [2016-04-10].

[2] 中国科协.中国科协印发《中国科协关于加强科普信息化建设的意见》的通知.http://www.cast.org.cn/n35081/n35096/n10225918/16157721.html [2016-04-10].

"开放、共享、协作、参与"的互联网精神,充分运用先进信息技术,有效动员社会力量和资源,丰富科普内容,创新表达形式,通过多种网络便捷传播,利用市场机制,建立多元化运营模式,满足公众的个性化需求,提高科普的时效性和覆盖面。该意见强调科普信息化不仅体现在技术层面,更关键、更重要的是科普理念和科普行为方式的彻底转变,即从单向、灌输式的科普行为模式,向平等互动、公众参与式的科普行为模式的彻底转变;从单纯依靠专业人员、长周期的科普创作模式,向专业人员与受众结合、实时性的科普创作模式的彻底转变;从方式单调、呆板的科普表达形态,向内容更加丰富、形式生动的科普表达形态的彻底转变;从科普受众泛化、内容同质化的科普服务模式,向受众细分、个性精准推送的科普服务模式的彻底转变;从政府推动、事业运作的科普工作模式,向政策引导、社会参与、市场运作的科普工作模式的彻底转变。

2015年,"科普信息化建设工程"由中国科协和财政部共同实施。项目内容包括建立网络科普大超市、搭建网络科普互动空间、开展科普精准推送服务、推进科普信息化建设运行保障。总体目标是:"一年搭建框架、初见成效,两年完善提升、效果凸显,三年体系完善、持续运行"。围绕"科普中国"权威科普品牌建设,2015年通过招投标遴选新华网、腾讯网、百度等13家机构承担项目实施,以PPP模式[①]调动社会资本的投入,提升专项实施力度和财政资金使用效益。自2015年9月14日各科普频道(栏目)、移动端科普应用开通以来(截至2016年3月23日),专项原创优质科普内容资源总量近1.5TB,实现浏览量26.14亿人次,其中移动端浏览量为22.01亿人次[②]。

新发布的《全民科学素质行动计划纲要实施方案(2016—2020年)》增加了"科普信息化工程"相关内容,从科普服务模式创新、网络优质科普内容供

---

① ppp模式,全称是Public-Private-Partnership,即政府公共部门与私营部门在公共服务领域的项目合作融资模式。

② 徐延豪.在中国科协2016年科普工作会上的工作报告. http://www.kpzy.org/content/toContext.action?repID=5756&modID=1(北京科普资源共享服务平台)[2016-04-10].

给、媒体科技传播水平、科普信息的落地应用等方面提出任务要求，相应措施包括：实施"互联网+科普"行动、繁荣科普创作、强化科普传播协作、强化科普信息的落地应用等。值得注意的是，该实施方案还提出要"引导建设众创、众包、众扶、众筹、分享的科普生态圈，打造科普新格局"，更好地发挥公众在科普创作和科普传播中的积极作用。关于科普信息的落地应用，该实施方案要求"依托大数据、云计算等信息技术手段，洞察和感知公众科普需求，创新科普的精准化服务模式，定向、精准地将科普信息送达目标人群"。可以预见，未来几年，科普工作将贯穿科普信息化理念，使互联网与科普深度融合发展。

第二节　网民科普行为数据映射科普需求侧现状

2015年8月31日，国务院颁布了《促进大数据发展行动纲要》，强调"用数据说话，用数据决策，用数据创新，用数据管理"。科学普及工作面向广大社会公众，科学传播模式不再是传统的自上而下的方式，更加注重双向交流互动，科普信息的传播方和接收方趋向于处于更加平等的位置。因此，开展科普工作不仅着力于科普供给侧，还要贴近和契合科普需求侧。开展科学普及和传播活动应该遵循一定规律，在大量数据的基础上，揭示强相关性要素之间的关系，以便科普信息精准抵达科普受众，提升科普效果。

一、网民科普行为整体描述

要实现上述目标，研究者须站在公众立场，立足公众视角，聚焦互联网背景下的社会公众在科普方面"需要什么""关注什么""怎么获取""怎么分享"以及"什么态度"等问题。围绕这些与科普相关的问题，公众作为行为主体，借助越来越便捷的互联网，采取一定的行动，表现出一系列的行为方式，在本书中统称为网民科普行为。

受益于互联网的兴起，普通公众遇到不能解答的科学问题时，可以借助搜索引擎来寻求问题的答案。身边的"低头族"越来越多,手机等移动终端成为公众获取信息和沟通交流的重要工具。用户在互联网终端,使用微信、微博等社交媒体工具,借助"分享""推送"或"转发"等功能,方便实现科普内容的二次传播,对于扩大科普效果的重要性是不言而喻的。而互联网网民针对蕴含科技问题的新闻事件所发表的言论或评价,则反映出他们的立场和关注点,在一定程度上决定着他们的思维和行为方式。

对网民科普行为数据进行较为全面的采集,并开展细致的分析和解读,就能从中找到开展科普工作的对策,进而更有效地回应公众关切。在科普领域,以网民的搜索内容为依据,便于研究者掌握网民在科普需求上的特点和规律;以网民科普信息获取和传播行为作参考,可以掌握网民对科普内容和形式的阅览习惯和偏好;以网民对蕴含科技问题的事件的关注程度和态度取向为基础,从网民自身立场和角度去寻找科普突破口的想法便更贴近现实(表1-1)。

表1-1 网民科普行为描述、解读及科普工作对策

网民科普行为描述	网民科普行为解读	科普工作对策
借助网络搜索引擎寻找需要的科普信息	网民科普信息需求	科普需求搜索行为研究
使用各类网络终端阅览科普信息	网民科普信息获取	科普信息获取行为研究
使用微信等社交媒体工具分享科普信息内容	网民科普信息传播	科普信息传播行为研究
在网络媒体平台表达对科普相关新闻的关注程度及观点态度	网民观点态度表达	网络科普舆情研究

信息传输的动因和过程包含信息需求、信息获取、信息传播等环节,网民的科普行为表现对应于搜索、阅览、转发或评论(图1-1)。这些行为表现的特征和规律可从人群、内容、方式和渠道等维度进行数据采集和分析。

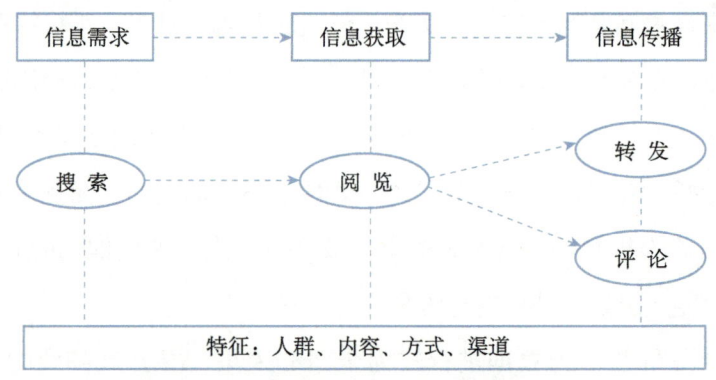

图 1-1　信息传输与网民行为的关系图

二、网民科普行为分解

（一）网民科普需求搜索行为

搜索引擎是网民表达需求、获取信息的工具和通道。据统计，作为全球最大的中文搜索引擎百度，日响应来自 138 个国家或地区的 60 亿次搜索请求[①]。通过对搜索引擎数据库的信息分析来判断网民的科普需求，可以了解我国网民在科普需求搜索方面"谁在搜""搜什么""怎么搜"（包括"用啥搜""何时搜""在哪搜"）等状况及其动态。分析的具体内容方向包括：科普搜索总量趋势、科普搜索主题分布、科普关键词热度、科普搜索的人群特征、科普搜索的地域特征、科普搜索习惯等。

（二）网民科普信息获取及传播行为

如图 1-1 所示，网民的科普需求是信息传输的动因。在信息流程上，信息获取和信息传播是后续的两个重要环节。移动互联网是科普内容的重要载体，尤其是微信、新闻客户端等新媒体工具在方便网民阅读、获取科普信息并分享科普信息方面发挥了至关重要的作用。前面提到，通过移动端访问"科普中国"的浏览量占据了绝对优势，移动端在科普信息传播中的重要位置进一步得到印证。若以移动互联网用户数据库为分析对象，通过一定规则判断网民阅读

---

① 日响应六十亿次搜索请求的百度 24 小时人工审核不间断. http://tech.cnr.cn/techgd/20160310/t20160310_521576306.shtml. [2016-04-10].

或观看内容行为是对科普信息的获取，而对科普信息的转发或分享推送等行为视作对科普信息的传播，力图解决"谁在看""看什么""怎么看"，以及"谁在推""推什么""怎么推"等问题，将为科普供给侧更好地契合科普需求侧提供重要参考。分析的具体内容方向包括：科普用户的基本画像、热点科普内容、获取科普信息的渠道、阅览习惯和偏好、分享渠道和方式等。

（三）网民科普热点关注和态度表达

科技与公众生活的关系越来越紧密。许多热点焦点事件的新闻报道都蕴含着丰富的科技内容。一般意义上的网络舆情，就是网民对新闻事件的关注程度和态度情感表达。依托舆情监测系统的大数据支持，可以整合网络媒体中最受网民关注的新闻报道及网民评论，反映网民对蕴含科技问题的新闻事件的关注热度和情感态度取向，即网民科普舆情。开展此项研究，有助于引导从事科普工作的机构和人员及时回应公众关切，科学权威地进行答疑解惑，消除科学领域谣言。同时，通过对全网媒体的监测，用数据反映科普内容的传播热度和传播渠道的影响力，可为年度科学传播事件、科学传播人物、"科学"流言榜的评选提供影响力相关数据参考。本研究要对网民"关注什么科学新闻内容""态度是什么"等问题作出明确回答。具体分析研究内容包括：网民对新闻热点信息阅读和回复数量统计、网民对蕴含科技相关问题事件持有的观点和态度倾向、专题科普新闻的媒介传播动态等。

综上所述，网民科普相关行为可以更精炼、更聚焦地描述为"搜""看""推""说"，分别对应不同的科普信息传输目标"需求""获取""传播""表达"。对网民科普行为要素的具体分解如表1-2所示。

表1-2 网民科普行为要素分解

科普信息需求	科普信息获取	科普信息传播	观点态度表达
谁在搜	谁在看	谁在推	谁在说
搜什么	看什么	推什么	说什么
怎么搜	怎么看	怎么推	怎么说

第三节　网民科普行为数据的采集与分析

网民科普行为数据的采集与分析遵从一定的技术流程，采用科学、规范的运作方式可使数据分析结论更贴近现实状况。

一、数据的采集流程

本书中所涉及的数据采集流程主要包括科普种子词配置、数据库匹配筛选、数据统计运算三个步骤，最后形成数据报告（图1-2）。

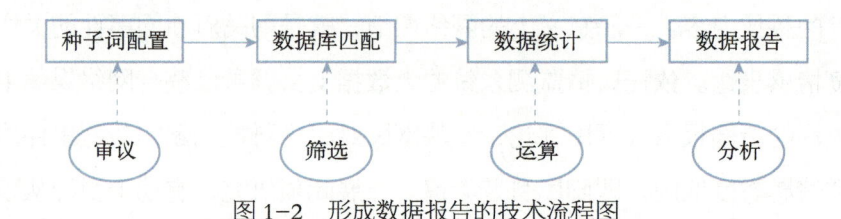

种子词配置 → 数据库匹配 → 数据统计 → 数据报告
　　↓　　　　　　↓　　　　　　↓　　　　　　↓
　　审议　　　　　筛选　　　　　运算　　　　　分析

图1-2　形成数据报告的技术流程图

（一）科普种子词配置

基于前期研究和实践积累，可将科普领域划分为若干类科普主题，如健康与医疗、食品安全、航空航天、信息科技、前沿技术、气候与环境、能源利用和应急避险等。结合主题核心内容及公众的科学认知水平，每个主题可提出若干个种子词。经科技和科普领域专家的综合审议后，设定各主题的种子词列表。介于科技的飞速发展以及公众对科技问题关注程度的提升，科普种子词的数量会随时间推移有适量的增加，以便更真实地反映科普需求侧现状。科普种子词配置为下一步对数据库中海量数据的处理提供了研判依据。

（二）数据库匹配筛选

经专家审议过的种子词由相应数据库派生出若干科普衍生词。衍生词按照一定的规则进行筛选过滤，需要机器自动和人工参与相结合清除无效词汇。将筛选后的词列表与数据库进行匹配，从海量的互联网数据库中识别出具有科普性质的信息数据，从而识别特定的信息内容。比如，对于网民科普搜索行为研究而言，要将每个衍生词与搜索引擎数据库信息进行比对，从中选出相匹配的信息；对于网络科普舆情而言，需要依据科普词汇对海量网络舆情信息进行实时自动采集与分析。

（三）数据统计运算

一般要建立网民科普行为数据系统平台，对相关科普行为数据进行监测、存储、统计运算以及可视化展示。依据不同维度的数据参数指标，运用数据分析工具，统计汇总相关数值。

本书中所涉及的数据范围为2015年全年的数据，不同类型的网民科普行为数据来自不同的数据源。网民科普需求搜索行为数据来源于百度指数，科普舆情监测数据来源于"科普中国"实时探针平台。中国科协科学普及部（以下简称科普部）和中国科普研究所分别与百度公司和新华网联合发布了相关数据报告。移动互联网网民科普获取及传播行为研究的数据来源于腾讯网，中国科普研究所与腾讯公司发布了报告。这些内容将在后续章节中进行详细分析。

二、数据的分析

从广义上说，数据库匹配筛选和数据统计运算等环节均离不开对数据的分析。本部分特指为形成数据报告而进行的数据分析，主要包含如下一维分析或交叉分析：

（1）主题分析。不同科普主题内容体现在科普行为上的差异性分析。比如，不同主题内容的搜索热度差异、阅览或传播分享程度的差异等。

（2）人群分析。不同背景特征的网民在科普行为上的差异性分析，包括不同年龄、不同性别等人群背景。

（3）地域分析。不同地域的网民科普行为的差异性分析，包括不同省份、不同级别城市等地域特征。

（4）终端分析。网民科普行为所借助的设备终端差异分析，包括PC端和无线端。

本书从数据角度开展网民科普行为的实证分析是研究视角的一种。实质上，要对网民的科普行为进行更全面和深刻的认识和理解，应采用定性研究和定量研究相结合的方法，使得研究结果相互支撑和印证，从而构建一个立体化、多层次、全方位的认识。今后，此研究工作会进一步迭代式发展，以便更全面地理解和认识网民科普行为，为科普工作的创新发展发挥好"智囊"作用。

第二章 网民科普需求搜索行为研究

数 / 说 / 科 / 普 / 需 / 求 / 侧

近年来，中国互联网发展迅速，网民数量不断增长，根据 CNNIC 发布的第 37 次《中国互联网络发展状况统计报告》，截至 2015 年 12 月，中国网民规模达 6.88 亿，互联网普及率为 50.3%，半数中国人已接入互联网；手机网民规模 6.20 亿，占比提升至 90.1%。互联网尤其是移动互联网，已开始塑造全新的社会生活形态。为贯彻《全民科学素质行动计划纲要（2006—2010—2020 年）》，更好地落实《中国科协关于加强科普信息化建设的意见》，需充分了解中国网民的科普需求。2015 年，中国科协与百度公司合作开展中国网民科普需求搜索行为研究，其目标是利用大数据技术分析中国网民的科普需求，为向公众精准推送科普公共服务提供依据。

中国网民科普需求搜索行为研究开展的模式遵循以下几项原则：

（1）"需求导向"原则。大数据分析研究工作基于公众的网络行为习惯，尽可能从多个不同维度展开，包括人群背景变量、满足科普需求的渠道途径、网络搜索的主题内容、搜索的时间、需求资源的类型等方面。

（2）"简约迭代"原则。开展长期跟踪研究，研究方案中的科普需求分析维度逐步丰富和完善，以便对科普工作进行更精确和细致的指导。

（3）"长效常态"原则。研究工作持续性地开展，使利用大数据分析公众需求的工作成为科普工作的常态。通过研究，总结出一定规律，对未来科普工作重点发挥预测指导的作用。

第一节 科普需求数据研究方案

科普需求数据研究主要以中国网民的搜索行为来反映其真实的科普需求。在确定主题、种子词的基础上，通过中文最大的搜索引擎百度建立数据平台，进行相关数据抓取，并对数据进行深入分析，以得出相应的研究结论。

一、技术实现路径

（一）科普需求搜索主题划分

根据中国科普研究所的研究基础以及对"科学家与媒体面对面"、中国科技论坛、全国科普日、科技周、首都科学大讲堂、中科馆大讲堂及科学讲坛等活动的研究，确定了科普需求搜索行为研究的8个主题，依次为：健康与医疗、食品安全、航空航天、信息科技、前沿技术、气候与环境、能源利用和应急避险。

（二）种子词的确定

确定主题后，根据前述研究，从每个主题中分别提取出15～20个科普热词，作为初步的种子词。经专家会研讨，对种子词进行修改审核，最后确定种子词180个。由于上述提供的种子词在数据平台进行衍生时出现了歧义等问题，又对种子词进行了修改与完善，种子词增加为371个。为进一步完善种子词，增加了相关性衍生环节，又增加631个种子词，最终确定种子词1002个。

为了及时捕捉受众对发生的热点、焦点科普事件的搜索需求，每个季度会根据新闻热点事件及热议的科普话题对种子词进行迭代。

（三）衍生词的清洗

第一季度通过技术平台数据对种子词进行计算衍生，得到衍生词库，即网民搜索词词库，作为科普需求热度的计算基础。去除与科普无关的衍生词后，由11名各领域的专家对13 648个衍生词进行进一步的科学取舍和归并，最后得到11 582个衍生词，并将衍生词归并得到词包。此后，每季度对种子词进行迭代，第二、第三、第四季度的种子词量分别增加了3个、34个和19个，衍生词经过两次清洗后数量分别为16 770个、20 886个和24 836个（表2-1）。

表2-1　2015年季度种子词、衍生词数据汇总表

时间	种子词量（个）	一次清洗后的衍生词量（个）	二次清洗后的衍生词量（个）
第一季度	1 002	13 648	11 582
第二季度	1 005	22 283	16 770
第三季度	1 039	30 435	20 886
第四季度	1 058	37 084	24 836

（四）形成研究报告并发布

基于衍生词词库和百度积累的历年搜索数据，对数据进行统计、筛选和分析，形成《中国网民科普需求搜索行为报告》的季度报告及年度报告（完整的技术实现路径参照图2-1）。

二、技术平台介绍

中国网民科普需求搜索行为研究的技术平台主要包含"行业分析""市场细分""品牌分析"和"热词分析"四个功能板块。

（一）技术平台变量

1.科普主题、种子词、热词、衍生词

根据中国网民科普需求搜索行为前期研究结果，总结提炼出科普主题8个。每个主题依据确定的种子词，利用技术平台抓取信息进行衍生，将信息分类并归并到各个科普主题下。

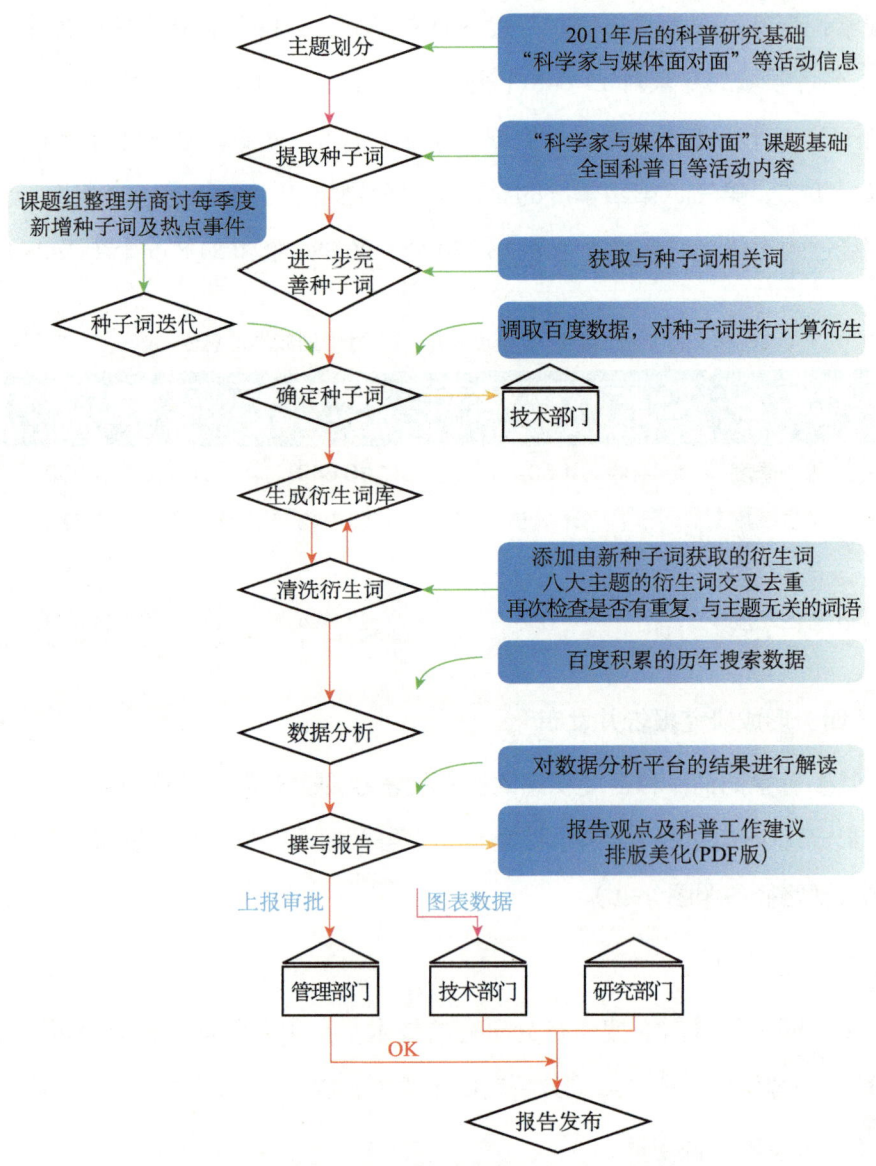

图 2-1 中国网民科普需求研究技术实现路径

科普主题、种子词、热词和衍生词均可以在平台自主适配。

2. 设备来源

技术平台可筛选科普搜索的设备来源，包括 PC 端和无线端搜索。

3. 地域分析

地域分析可按照四个级别筛选，分别是"综合概览""区域分布""分级城市""城市排名"。"综合概览"指省、自治区和直辖市;"区域分布"包括华东、华北、华南、华中、西北、西南、东北;分级城市包括一级城市、二级城市、三级城市和四级城市;城市排名指在指定条件下的城市搜索指数排名。

4. 时间范围

2011年以后的时间段可任意选择,时间段最小可选择一个月。

(二)技术平台主要功能板块

1. 行业分析

该板块可展示中国网民整体的科普搜索在不同时间段、搜索设备、地域范围、性别、年龄的搜索指数(图2-2)。筛选之后的信息显示于页面,也可对筛选出的信息进行数据导出,生成 Excel 表格。

图 2-2　行业分析模块

2. 品牌分析

该板块分别展示8个科普主题在不同时间段、搜索设备、地域范围、性别、年龄的搜索指数(图2-3)。

图 2-3　品牌分析模块

3. 市场细分

该板块用来显示科普搜索词包在不同时间段、搜索设备、地域范围、性别、年龄的搜索指数（图 2-4）。

图 2-4　市场细分模块

4. 热词细分

该板块按照 8 个科普主题下的衍生词展示搜索指数。可展示衍生词在不同时间段、搜索设备、地域范围、性别、年龄的搜索指数（图 2-5）。

图 2-5　热词细分模块

三、术语释义

（1）搜索指数：以百度网页搜索次数为基础，科学分析并计算关键词搜索频次的加权和，反映特定内容在百度上被搜索的热度。

（2）用户占比：表示搜索某类信息的人群在性别、年龄、地区等不同维度的分布情况。

第二节　2015年中国网民科普需求搜索行为季度报告[*]

《中国网民科普需求搜索行为报告》的季度报告主要由两部分内容构成：第一部分为中国网民科普需求搜索行为基本特征分析，包括总体搜索状况、搜索主题、人群特征、地域等方面；第二部分为中国网民科普需求关切热点、焦点内容分析，包括热词、事件等。

一、2015年第一季度中国网民科普需求搜索行为报告

（一）四年来，中国网民科普需求增长178%，增长主要发生在移动端

科普搜索指数日均值由2011年第一季度的2 517 175增长到2015年第一季度的6 992 853，同比增长178%。其中，PC端搜索指数基本持平，4年多的科普搜索指数增长主要发生在移动端。移动端科普搜索指数日均值从637 394增长到4 640 849，增长了6倍多，在2013年9月首次超过PC端单日科普搜索指数（图2-6）。

（二）地震频发掀起了对"应急避险"主题词的新一轮搜索热潮；在前沿技术领域，先进制造和智能技术的普及带来了相关主题词两倍的同比增长

"应急避险"主题2015年第一季度的搜索量同比增幅达到198%，相较于2014年第一季度同比有显著增长；2015年1月14日四川乐山市地震、1月18日河南濮阳市地震、2月2日阿根廷地震、2月7日四川宜宾地震、2月17日日本地震、3月15日安徽阜阳市地震等事件激发了"应急避险"主题词搜索指数的大幅增长。

---

[*] 该报告收录本书时作了少量修改。

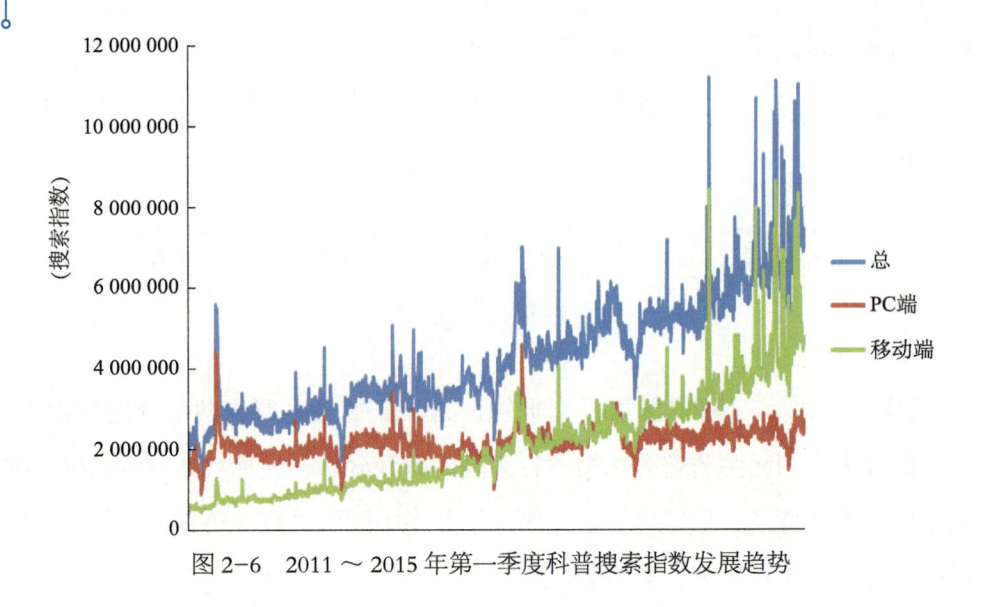

图 2-6　2011～2015 年第一季度科普搜索指数发展趋势

"前沿技术"主题 2015 年第一季度的搜索量同比增幅为 38%，相较于 2014 年同比增长速度增加了 2 倍。机器人、3D 打印、纳米技术及智能技术的迅速发展和推广应用也引发了中国网民对"前沿科技"主题的广泛关注（图 2-7）。

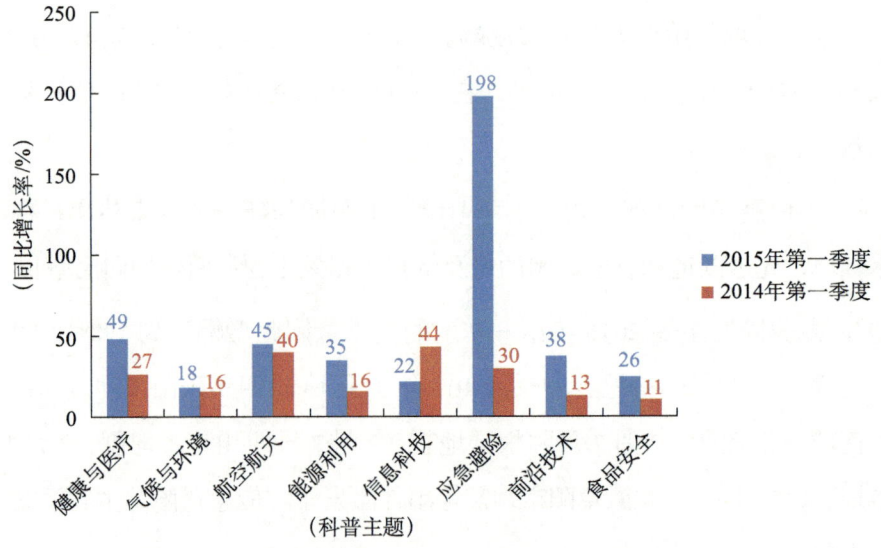

图 2-7　2014 年和 2015 年第一季度科普主题同比增长情况

（三）"健康与医疗"成为最受关注的科普主题，互联网成为常见疾病的问询平台

"健康与医疗"在 8 个主题的搜索中占比为 57.01%，最受关注，位居第一；"信息科技"占比为 12.20%，位居第二；"应急避险"占比为 11.47%，位居第三（图 2-8）。

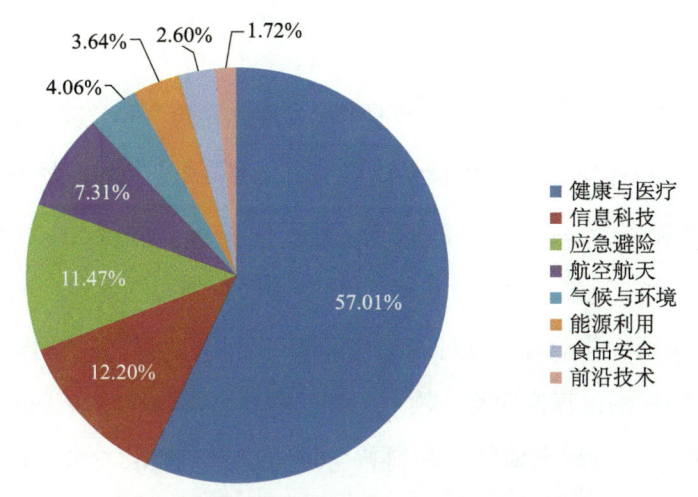

图 2-8　2015 年第一季度科普主题搜索占比图

在"健康与医疗"主题中，咳嗽、感冒等常见病是第一季度网民关注的热点（表 2-2），尤其是在上海、安徽等长江以南、无供暖的区域，对此类主题的关注程度最高。

表 2-2　健康与医疗科普主题热搜词 TOP10

排名	热搜词
1	咳嗽
2	感冒
3	艾滋病
4	维生素
5	腹泻
6	糖尿病

续表

排名	热搜词
7	疼痛
8	乳腺癌
9	乙肝
10	肺炎

（四）以移动端为代表的即时型搜索以"应急避险"和"健康与医疗"主题为主；以PC端为代表的学习型搜索以"前沿技术"和"气候与环境"主题为主

从PC端和移动端对8个主题的搜索指数看，移动端是PC端的2倍。其中，"应急避险"和"健康与医疗"的移动端搜索份额超过70%，说明该领域的科普搜索主要来源于移动端，这种应急与健康等常识性科普需求的特点为内容碎片化和即时型获得，建议这两个领域的科普内容以移动端的形式推送。

PC端搜索份额排名前两位的科普主题分别是"前沿技术"和"气候与环境"，二者份额均超过了50%（图2-9），说明该领域的科普需求是深度学习的需求，内容专业性比较强，建议以PC端推送为主。

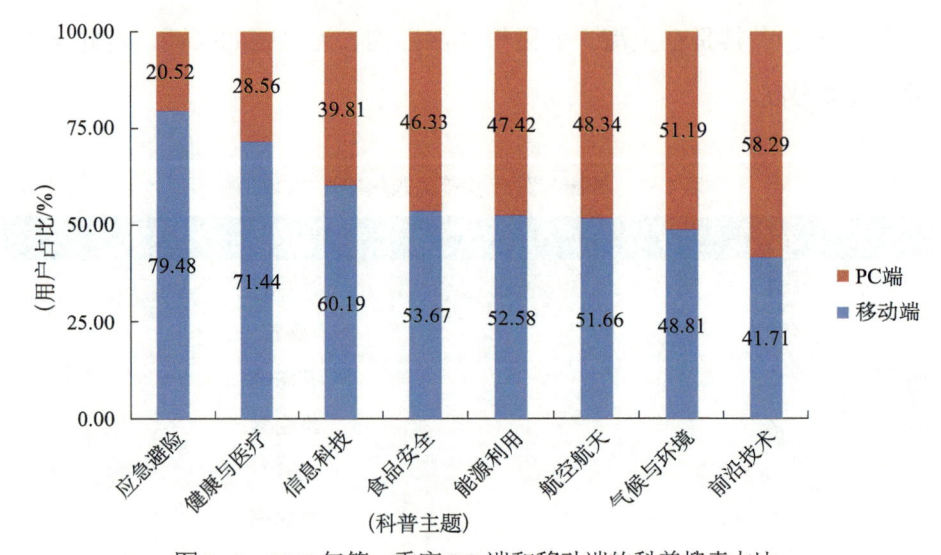

图2-9 2015年第一季度PC端和移动端的科普搜索占比

（五）北京、上海、广州及其他信息科技发达城市成为互联网科普用户的集中地

科普搜索指数排名前十位的城市依次为：北京、广州、上海、杭州、郑州、成都、苏州、深圳、武汉和西安（图2-10）。

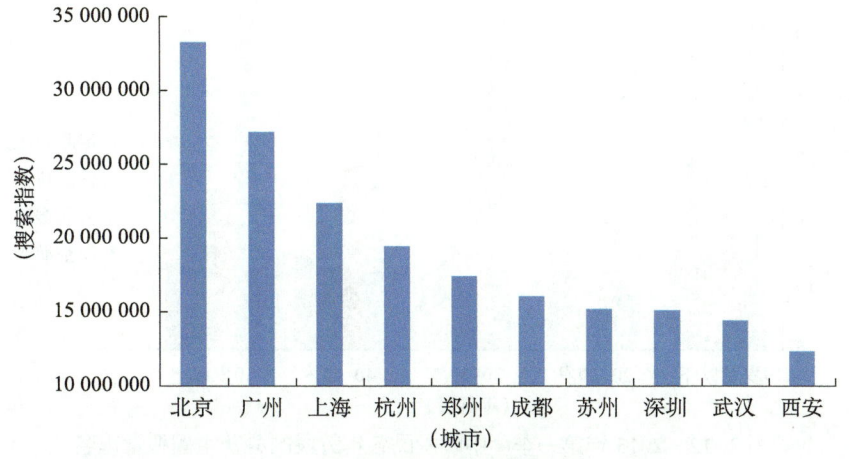

图2-10 中国网民科普搜索指数城市排名

从区域看，华东地区的科普搜索指数明显领先，之后依次是华北、华南、华中、西南、东北和西北（图2-11）。

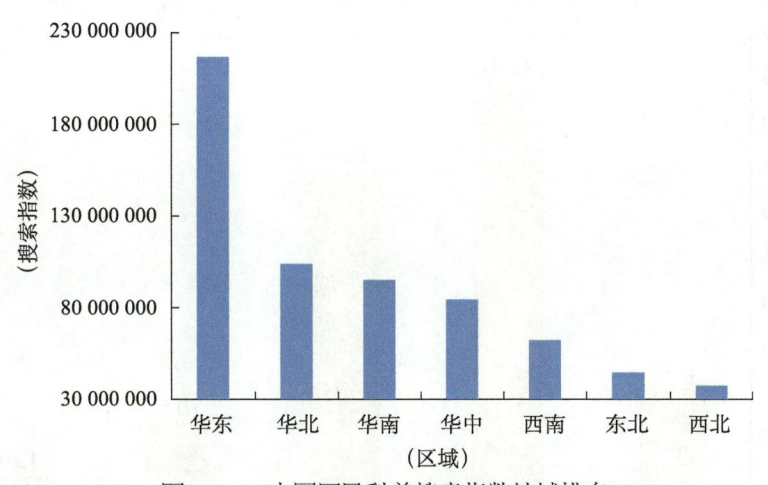

图2-11 中国网民科普搜索指数地域排名

（六）各年龄段关注的科普主题同中有异

"健康与医疗"是各年龄段人群最关注的主题，"信息科技"主题在20岁

以上年龄段人群中搜索排名第二，"应急避险"主题在 30 岁以上年龄段中搜索排名第三。29 岁以下年轻人表现出对"航空航天"主题的偏好，尤其是 19 岁以下青少年对"航空航天"的关注排名第二（图 2-12）。

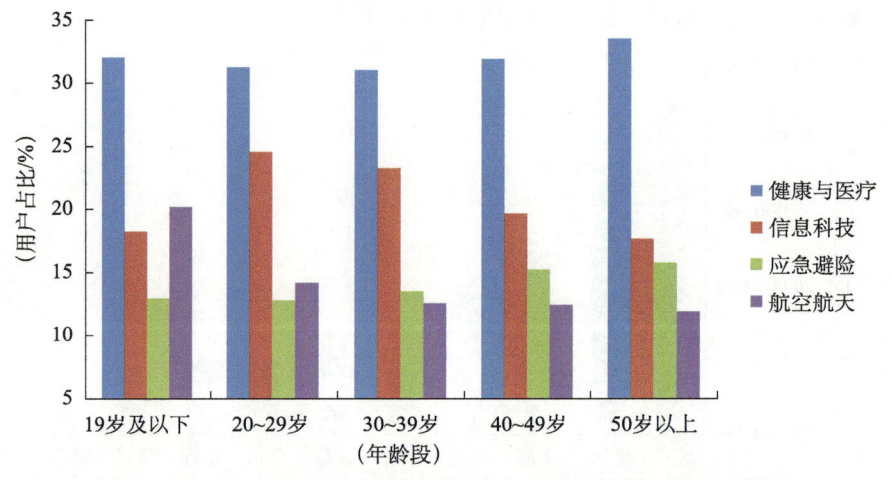

图 2-12　2015 年第一季度中国网民各年龄段的科普主题搜索排名

对 8 个主题的搜索，20～29 岁和 30～39 岁人群占据了大部分的搜索份额（图 2-13，表 2-3）。

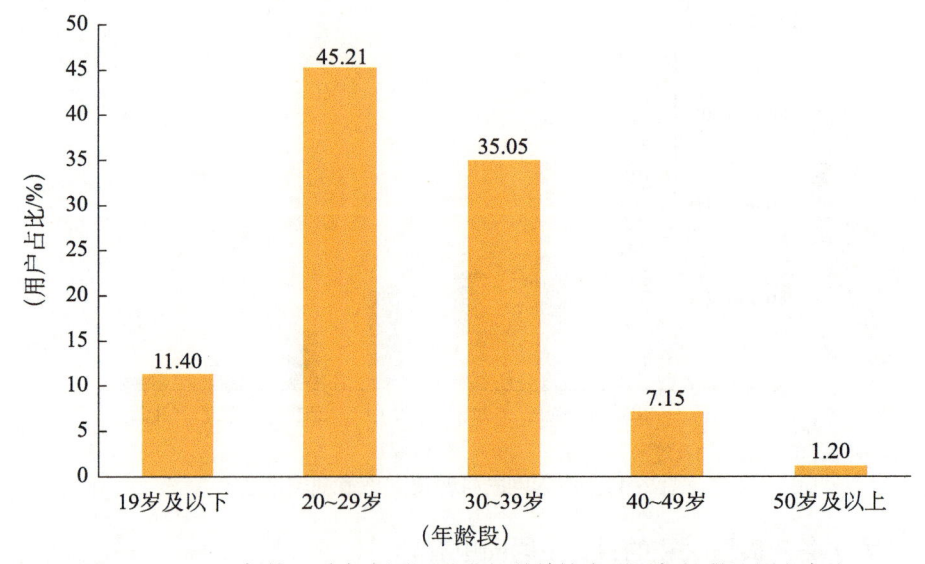

图 2-13　2015 年第一季度中国网民进行科普搜索不同年龄段的用户占比

表 2-3 2015 年第一季度 8 个主题下不同年龄段的搜索用户占比情况一览表

主 题	≤ 19 岁	20～29 岁	30～39 岁	40～49 岁	≥ 50 岁
健康与医疗	12.03%	45.11%	34.51%	7.11%	1.24%
信息科技	9.43%	47.03%	36.09%	6.27%	1.17%
应急避险	11.37%	43.84%	34.87%	8.63%	1.28%
航空航天	15.09%	46.01%	31.07%	6.64%	1.19%
气候与环境	12.13%	44.20%	35.49%	6.85%	1.33%
能源利用	8.46%	40.82%	40.09%	9.36%	1.27%
食品安全	12.76%	43.86%	34.01%	8.27%	1.09%
前沿技术	10.79%	45.11%	35.96%	6.95%	1.20%
主题合计	11.40%	45.21%	35.05%	7.15%	1.20%

（七）"地震"是本季度排名第一的科普热词

在种子词搜索中，"地震"一词位居榜首（表 2-4）。原因是 2015 年第一季度河南濮阳、安徽阜阳以及日本东海岸海域等多地发生了地震，引起中国网民高度关注。地震及相关预防、避险、救援等科普搜索在全国范围内都有明显提高。按区域划分，西南地区对"地震"的搜索份额高达 38.19%，作为对比，该地区对"应急避险"主题的搜索份额为 13.13%，对 8 个主题的搜索份额为 9.71%。

表 2-4 中国网民科普搜索热词 TOP10

排 名	热搜词
1	地震
2	咳嗽
3	Wi-Fi
4	感冒
5	艾滋病
6	维生素

续表

排名	热搜词
7	腹泻
8	糖尿病
9	疼痛
10	乳腺癌

第一季度通常是雾霾高发期，对于不同的主题，一级城市对气候的关注比较突出，在一级城市中，北京、上海、杭州、成都等地都非常关注雾霾。2015年2月28日，柴静自制的视频《穹顶之下》播出以后，"雾霾"的搜索指数出现显著跃升，较视频播出前的热度翻倍（图2-14）。

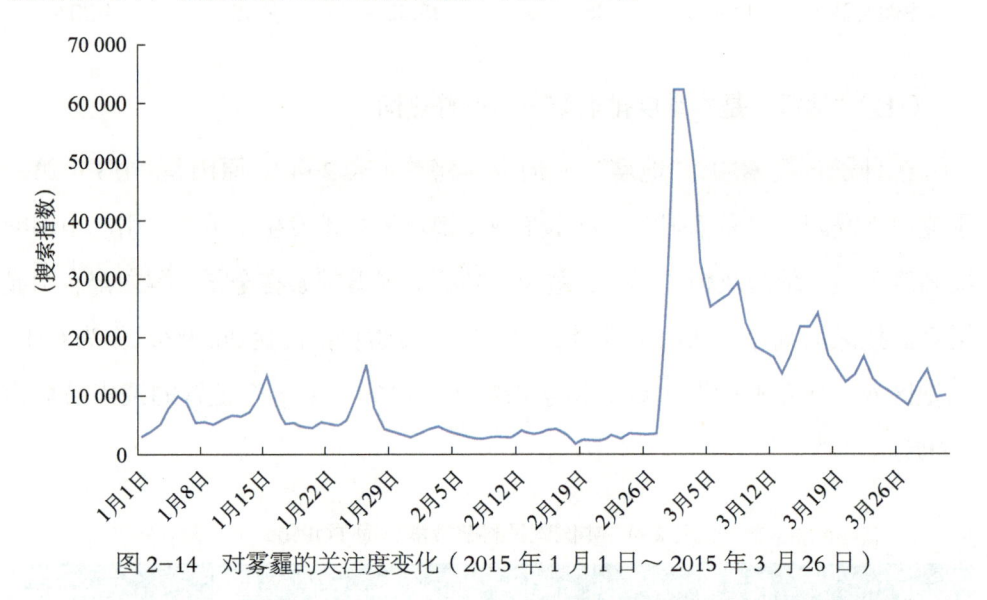

图2-14 对雾霾的关注度变化（2015年1月1日～2015年3月26日）

（八）根据33个省、自治区及直辖市、香港特别行政区（澳门特别行政区无数据）搜索指数的同比和环比、新闻与突发事件的综合分析，可见短期科普需求集中于应急避险，中长期需求集中于健康与医疗和航空航天领域

根据33个省、自治区及直辖市、香港特别行政区（澳门特别行政区无数据）搜索指数的同比和环比、新闻与突发事件的综合分析，在此列出各个省科

普需求的短期、中期和长期科普主题推荐，为各个省开展科普工作提供指导。建议短期为1个季度，中期为1年，长期为2~3年。

应急避险科普需求增长很快；健康与医疗是中国网民长期关注的焦点，相关需求持续走高；但不同省份在航空航天、气候与环境、信息科技和前沿技术都有科普需求的增长，食品安全的科普需求增长放缓，甚至出现负增长。

二、2015年第二季度中国网民科普需求搜索行为报告

（一）中国网民科普需求搜索特点与人群分布

1. 2015年第二季度中国网民科普搜索指数日均值大幅提高

2015年第二季度，中国网民科普搜索指数是9.47亿，日均值从第一季度的699万增长到第二季度的1041万，同比增长106.87%，环比增长49.09%，较2015年第一季度中国网民科普搜索指数大幅提高（图2-15）。

图2-15　2014~2015第二季度中国网民科普搜索规模

2. 2011~2015年，中国网民科普搜索指数上半年同比增长238%

中国网民科普搜索指数日均值从2011年上半年的261万增长到2015年上半年的871万，增长233.72%（图2-16）。2015上半年，中国网民科普搜索指

数日均值同比增长 80.88%。

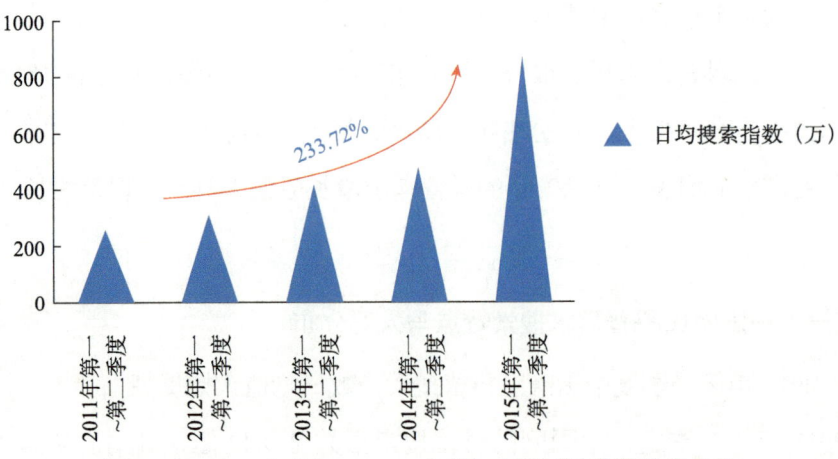

图 2-16　2011 上半年～ 2015 上半年中国网民科普搜索趋势

3. 女性网民科普搜索关注度比较高的科普主题是：健康与医疗、食品安全

根据调查，女性网民科普搜索用户占比（33.26%）大于女性全网搜索用户占比（26.23%）(图 2-17)。

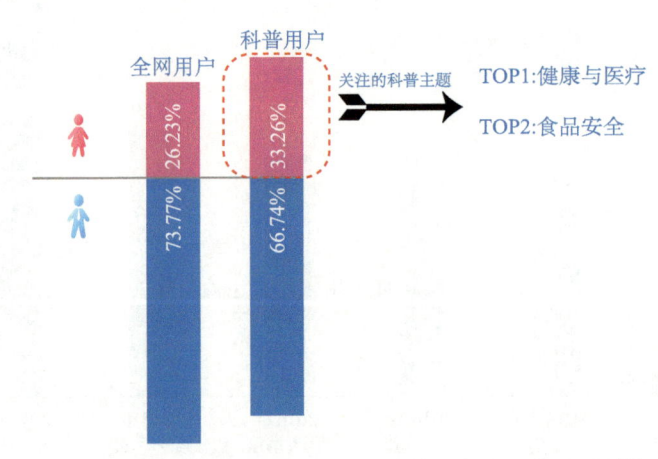

图 2-17　2015 年第二季度女性在全网用户和科普用户中的占比及关注的科普主题

在科普搜索中，女性更关注与生活相关的主题，比如健康与医疗、食品安全。在健康与医疗主题中，女性网民的科普搜索用户占比是 39.94%；在食品安全主题中，女性网民的科普搜索用户占比是 37.97%。

4. 2015年华南地区的网民科普搜索指数赶超华北地区

5年来，华南地区的搜索指数增长了3.01倍。2015年上半年，华南地区的科普搜索指数同比增速44.79%，超过了华北地区（图2-18），从第三位上升到第二位。

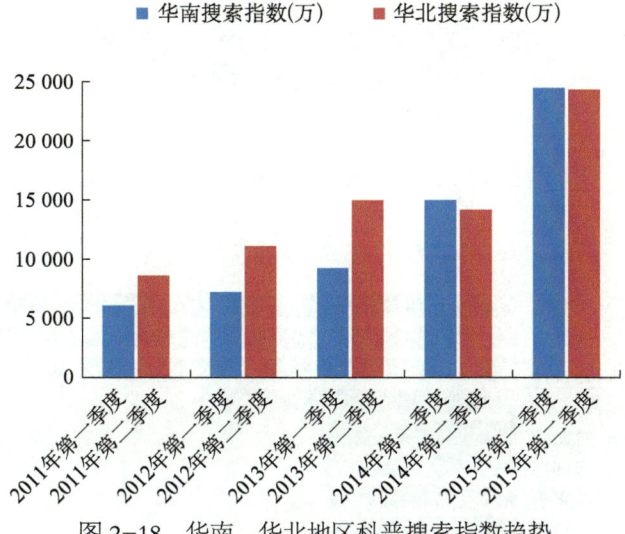

图2-18　华南、华北地区科普搜索指数趋势

（二）中国网民科普需求搜索主题和关切热点

1. 健康与医疗依然是最受中国网民关注的科普主题，"应急避险"超过"信息科技"排名第二位

在8个主题的搜索中，"健康与医疗"占比为53.05%，最受关注；"应急避险"主题相关的搜索占比为13.59%，位居第二；"信息科技"搜索占比为10.44%，位居第三（图2-19）。"前沿技术"主题的关注度超越了"能源利用"和"食品安全"。

2. 2015年第二季度中国网民最关注疾病TOP10产生，对艾滋病和糖尿病的关注分列第一、第二位

2015年第二季度，中国网民最关注的疾病是艾滋病、糖尿病；中东呼吸综合征(MERS)、乙肝、白血病、抑郁症、乳腺癌、肺癌、胃癌、尿毒症也是中

国网民关注度较高的疾病（图2-20）。

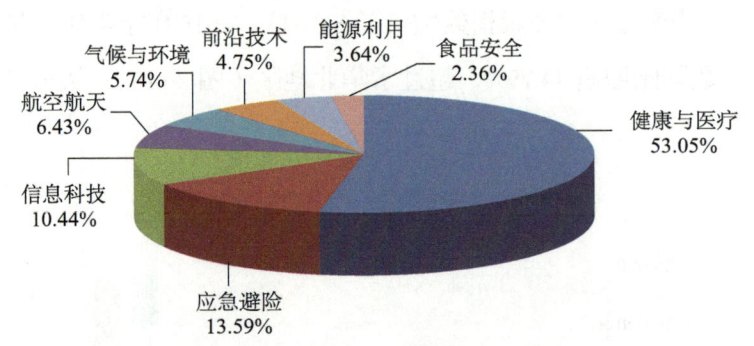

图 2-19　2015 年第二季度科普主题搜索占比

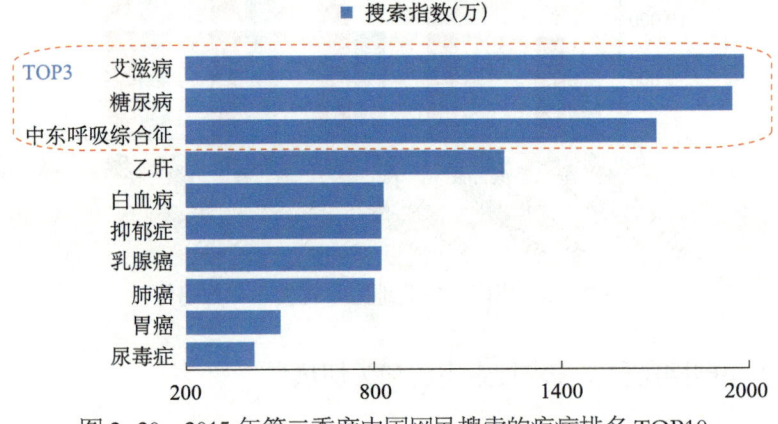

图 2-20　2015 年第二季度中国网民搜索的疾病排名 TOP10

3. 突发性事件中东呼吸综合征（MERS）爆发受到中国网民的关注，日均搜索指数达 18.73 万

2015 年第二季度中国网民对中东呼吸综合征（MERS）相关的科普搜索指数达 1700 多万，日均搜索指数达 18.73 万，在 6 月 14 日达到搜索高峰（图 2-21）。

（三）由于机器人和厄尔尼诺相关内容的搜索量大幅提高，带动了"前沿技术"和"气候与环境"的搜索指数明显提升

2015 年第二季度，"前沿技术"科普主题相较于其他 7 个主题，环比增长最快，为 311.17%，主要因为机器人及其相关科普知识的搜索指数增长明显，

环比增长为60.97%。

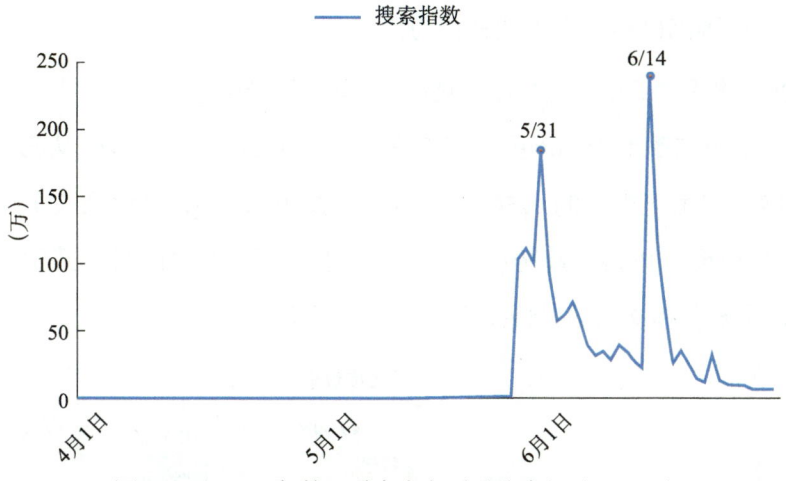

图 2-21　2015 年第二季度中东呼吸综合征（MERS）相关科普搜索指数变化趋势

第二季度增长速度排名第二位的主题是"气候与环境"，环比增长为 112.89%（图 2-22）；主要是因为厄尔尼诺、冰雹及其相关科普知识的搜索指数增长明显，厄尔尼诺相关搜索的环比增长为 256.69%。因为广东、陕西西安、河南等地区下冰雹，所以在 4 月 20 日和 5 月 7 日冰雹的科普搜索指数均超过百万。除此之外，6 月 5 日中国网民对世界环境日相关的科普搜索指数超过 5 万。

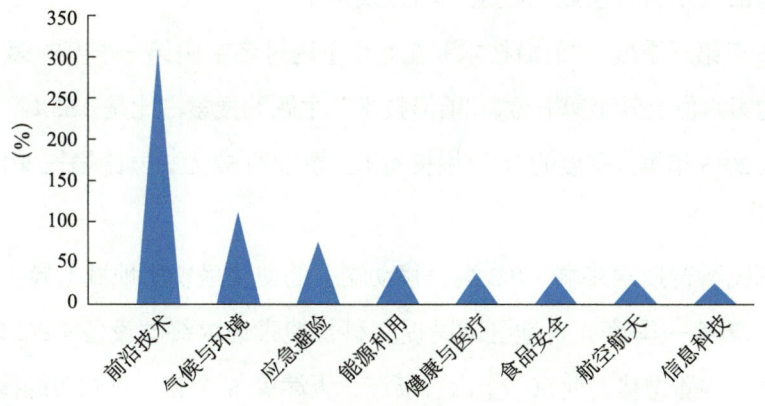

图 2-22　2015 年第二季度科普主题环比增长情况

三、2015年第三季度中国网民科普需求搜索行为报告

（一）中国网民科普需求搜索行为特征

1. 2015年第三季度中国网民科普搜索指数稳步增长

2015年第三季度中国网民科普搜索指数是10.58亿，日均值从第二季度的1041万增长到第三季度的1150万，同比增长104.21%，环比增长10.68%（图2-23）。本季度总体搜索趋势稳步增长，但按月看，7月的科普搜索指数呈上升趋势，而8月和9月的科普搜索指数呈下降趋势。

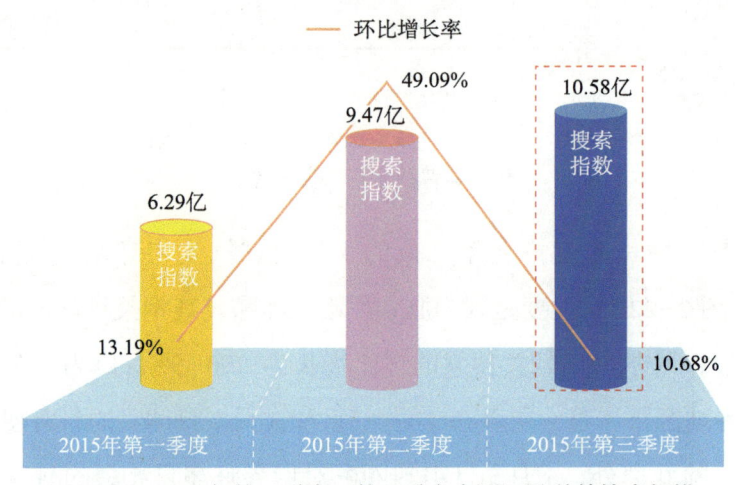

图2-23 2015年第一季度~第三季度中国网民科普搜索规模

2. 前沿技术科普主题的搜索排名继续稳步提升

2015年第三季度，"前沿技术"在8个主题排名中由第一季度的第八位和第二季度的第六位上升至第五位，"前沿技术"主题的搜索占比是4.53%。搜索指数日均值从2015年第一季度的36万增长到第三季度的52万，同比增长361.06%（图2-24）。

3. 网民科普搜索终端（PC端、移动端）的使用呈现出地域差异

2015年第一季度，各地区网民提交科普搜索请求终端设备（PC端、移动端）呈现不均衡态势，北京、上海、浙江、天津等8个省、直辖市的搜索以PC端为主，而甘肃、青海、宁夏、云南和四川等23个省、直辖市、自治区的搜索

以移动端为主（图2-25）。

图2-24　前沿技术科普主题的搜索排名（2015年第一季度～第三季度）

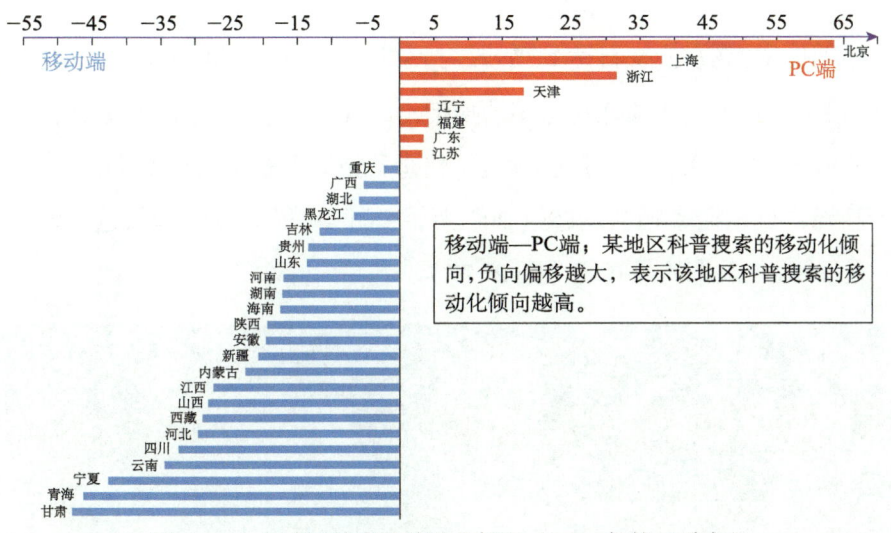

图2-25　各地区搜索的移动化倾向（2015年第三季度）

4. 不同科普主题在各地区的搜索指数呈现不同的发展态势

与2014年同期相比，"健康与医疗""信息科技""航天航空""食品安全"4个主题的搜索指数在各省级行政区均呈现增长趋势；"前沿技术""能源利用"主题的搜索指数在近一半的省级行政区呈现增长趋势，而在另一半省级行政区呈现下降趋势；"应急避险""气候与环境"主题的搜索指数在各省级行政区均呈现下降趋势（图2-26）。

（二）中国网民科普需求搜索热点

1. 2015年全国科普日活动引发"信息科技"主题搜索的大幅提升

2015年全国科普日活动主题为"万众创新，拥抱智慧生活"。"全国科普

数说科普需求侧

降低趋势的科普主题	增长趋势的科普主题	地区差异性大的科普主题
应急避险 气候与环境	健康与医疗　信息科技 食品安全　　航空航天	前沿技术 能源利用

图 2-26　各省科普主题需求搜索态势图（2015 年第三季度）

日"移动搜索指数在 19 日达到顶峰，持续期短（18～20 日）；PC 搜索指数在 21 日（周一）到达顶峰；与移动端相比，PC 端整体搜索占比更高，持续期更长（14～25 日），峰值存在滞后。"信息科技"主题搜索在 9 月 18～20 日达到高峰，日均搜索指数均超过 200 万，9 月 19 日的搜索指数达到峰值 266 万，是 2015 年以来的最高值（图 2-27）。

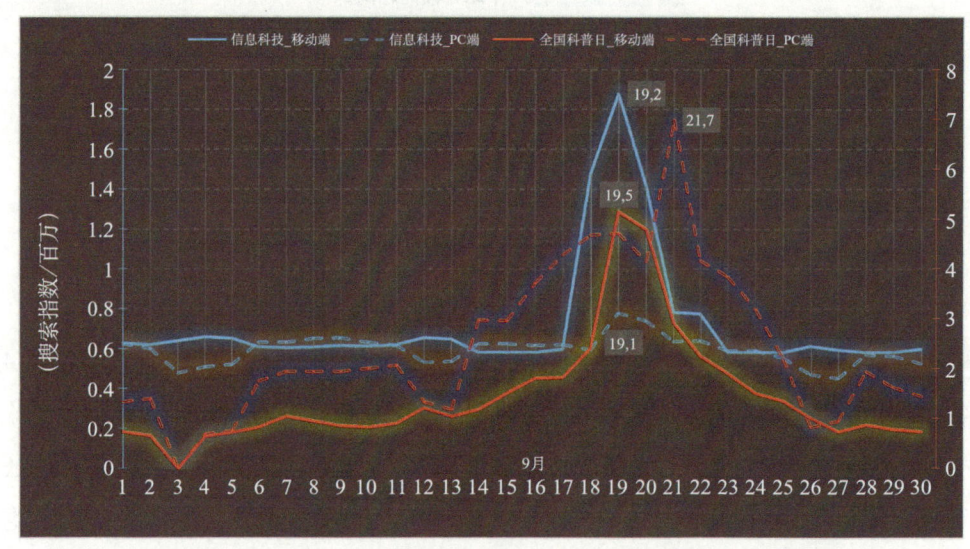

图 2-27　2015 年 9 月"全国科普日"与"信息技术"搜索指数图

2. 中国网民热搜的"食品安全"主题排名前三位的关键词依次是：僵尸肉、转基因和食物中毒

2015 年第三季度，"僵尸肉"跃居食品安全关注度榜首，食品保质期问题再成热点。此外,"食品安全"主题搜索 TOP10 还包括了转基因、食物中毒、奶粉事件、垃圾食品、假鸡蛋、地沟油、食品添加剂、亚硝酸盐和毒蘑菇(图 2-28)。

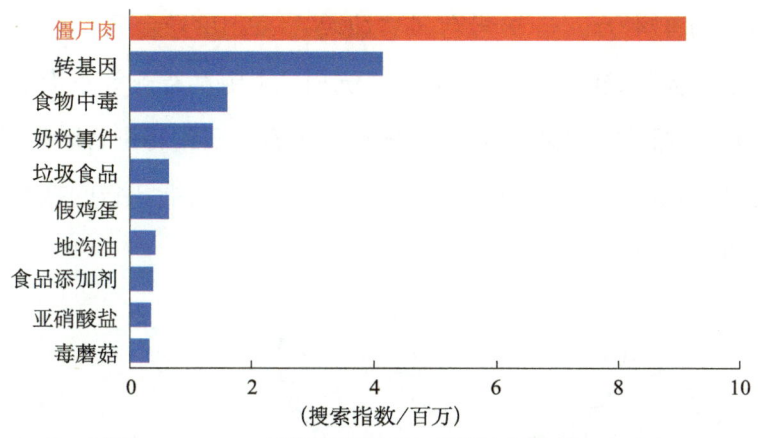

图 2-28 2015 年第三季度"食品安全"热搜 TOP10

3. 航空航天领域的热点事件引起"航空航天"主题的环比增长最快

2015 年第三季度,美国国家航空航天局(NASA)发布了航空航天热点事件,包括 7 月 15 日"新视野号"飞掠冥王星和心形暗斑、7 月 25 日宣布发现"第二个地球"、9 月 2 日发现双重黑洞等,引发中国网民的广泛关注。以至于相较其他主题,"航空航天"主题的环比增长最快,为 55.91%(图 2-29)。

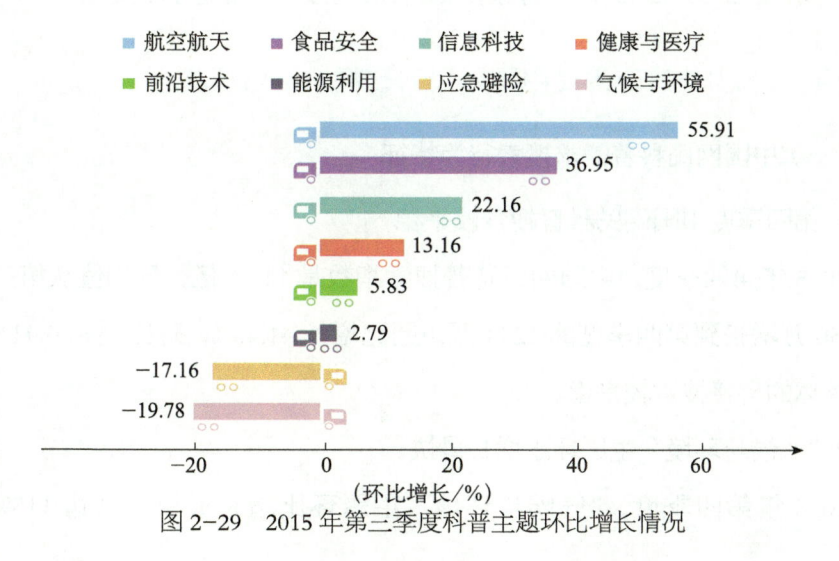

图 2-29 2015 年第三季度科普主题环比增长情况

4. 与台风相关的科普知识搜索高居"应急避险"科普主题的榜首

2015年第三季度,与台风相关的科普知识搜索位居"应急避险"科普主题的榜首,搜索指数是3299万,同比增长104.21%,在7月17日搜索指数达到峰值,为474万。第9号台风"灿鸿"、第10号台风"莲花"和第13号台风"苏迪罗"登陆,温州、宁波、杭州、上海和福州等东南沿海城市对"应急避险"的搜索指数增长明显。从省份来看(澳门特别行政区除外),排名前三的省份依次是:浙江省、福建省和广东省,而浙江省的搜索占全国的41.25%(图2-30)。

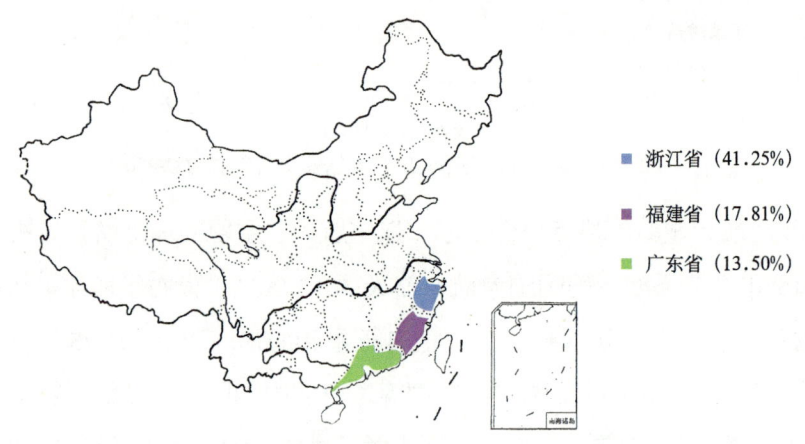

图2-30 2015年第三季度搜索"台风"主题词的省份分布示意图

四、2015年第四季度中国网民科普需求搜索行为报告

(一)中国网民科普需求搜索行为特征

1. 第四季度中国网民科普搜索较平稳

2015年第四季度,中国网民科普搜索指数是11.26亿,日均值从第三季度的1150万增长到第四季度的1224万,同比增长41.48%,环比增长6.41%。本季度整体的科普搜索较平稳。

2. "气候与环境"主题环比增长最快

2015年第四季度,"气候与环境"主题环比增长最快,高达115%(图

2-31），该主题首次出现 2015 年四个季度以来最大的环比涨幅，主要是由于冬季全国各地出现不同程度的雾霾天气，与雾霾相关的科普搜索指数是 2302.46 万，在 12 月 2 日达到搜索最高值（300.06 万），同时也是 2015 年雾霾相关搜索的最高值。

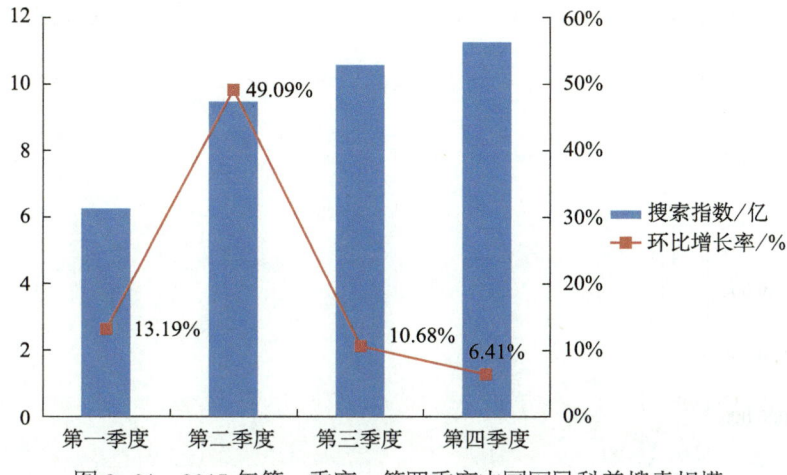

图 2-31　2015 年第一季度～第四季度中国网民科普搜索规模

"应急避险"主题环比增长为 –39.60%，位居科普主题环比增长的最后一位（图 2-32）。

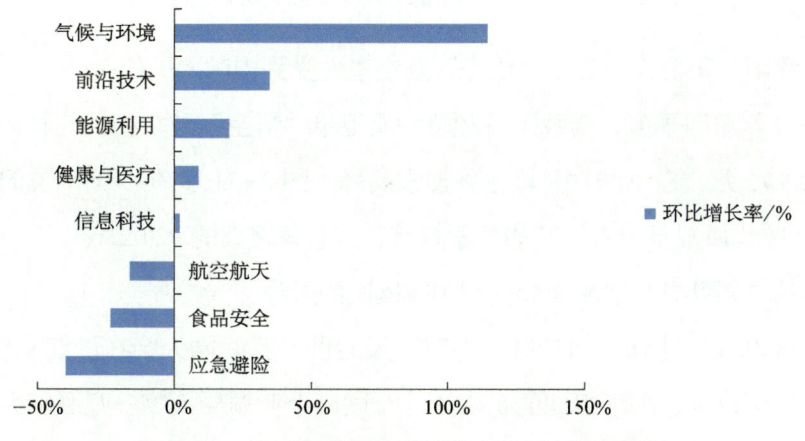

图 2-32　2015 年第四季度科普主题环比增长情况

（二）中国网民科普需求搜索热点

1. 屠呦呦获诺贝尔生理学或医学奖事件引发中国网民对相关主题的热搜

2015年10月5日，中国药学家屠呦呦因发现青蒿素治疗疟疾的新疗法获诺贝尔生理学或医学奖，这一事件引起中国网民的热搜。在10月6日，对"屠呦呦""青蒿素"及"诺贝尔医学奖"等相关的科普搜索指数达到顶峰，为283.98万（图2-33）。

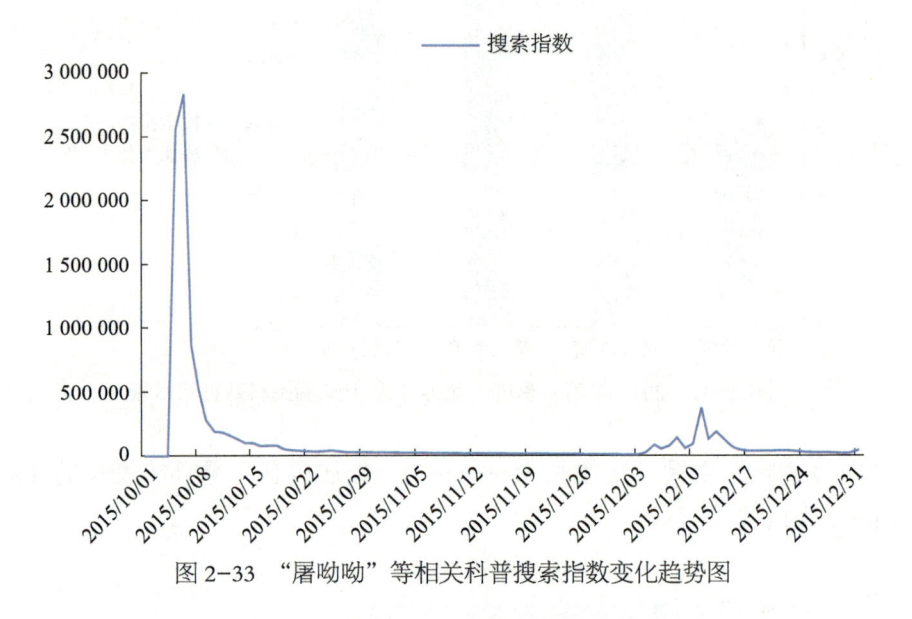

图2-33 "屠呦呦"等相关科普搜索指数变化趋势图

2. 我国首颗暗物质卫星"悟空"升空事件受到中国网民的关注

2014年第四季度，与我国首颗暗物质卫星"悟空"升空相关的科普搜索指数是155.72万，在12月18日达到搜索高峰（图2-34）。在中国网民的实际搜索中，"暗物质卫星上天"高居搜索榜首，占总体搜索的92.02%。

3. 第二届世界互联网大会受到中国网民的关注

2015年12月16～18日，为期三天的世界互联网大会在浙江乌镇举行，国家和地区政要、国际组织的负责人、互联网企业领导人物、互联网名人、专家学者等参加了峰会。各方嘉宾围绕"互联互通、共享共治——共建网络空间命运共同体"主题，就全球互联网治理等诸多议题进行了探讨交流，吸引了中国网民的关注，相关的科普搜索指数是 557.82 万，在 12 月 16 日达到搜索高峰（图 2-35）。

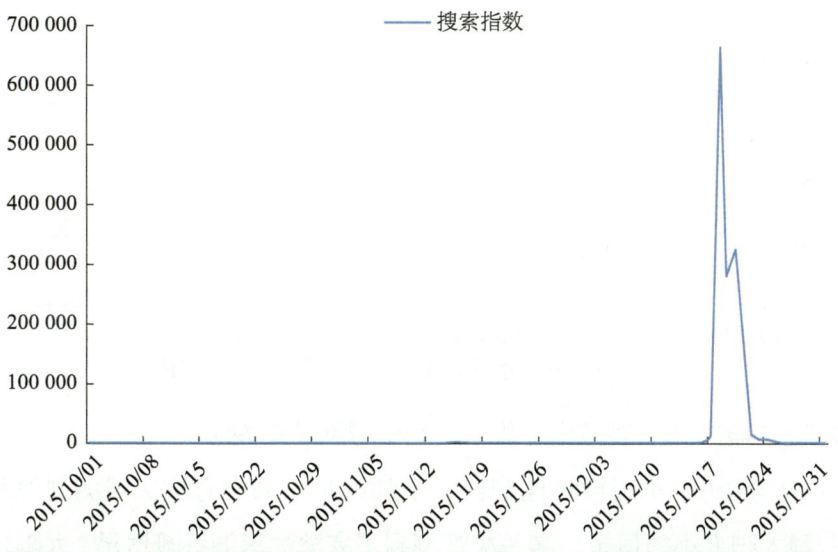

图 2-34　与我国首颗暗物质卫星"悟空"升空相关的科普搜索指数变化趋势图

图 2-35　第二届世界互联网大会网民搜索指数趋势图

4. 2015 世界机器人大会受到中国网民的关注

2015 世界机器人大会于 11 月 23 ～ 25 日在北京国家会议中心召开，大会以"协同融合共赢，引领智能社会"为主题，相关的科普搜索指数是 105.20 万，在 11 月 24 日达到搜索高峰（图 2-36）。其中能聊天的情感机器人"美女机器人"受到网民的较大关注。

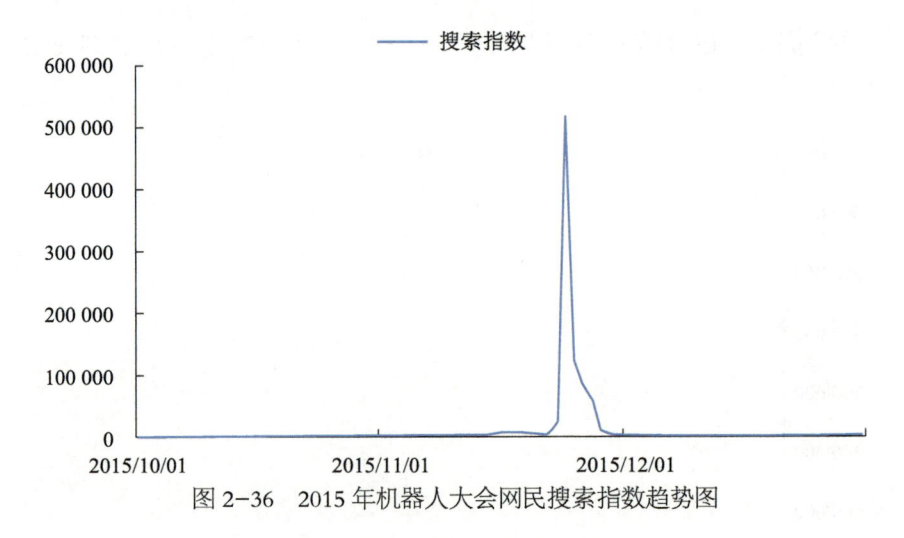

图 2-36　2015 年机器人大会网民搜索指数趋势图

5. "黑洞吃太阳"视频全过程，受到中国网民的关注

一个国际研究小组声称他们在一个邻近星系的中心首次观测到黑洞"进食"一颗太阳大小的恒星。第一次观测到了完整的黑洞吞噬恒星（太阳也是恒星）的全过程，包括把"残渣"以近乎光速向外喷发的过程。相关的科普搜索指数是 917.72 万。其中"黑洞吃太阳"视频全过程受到网民的较大关注，在 11 月 26 日达到搜索高峰（图 2-37）。

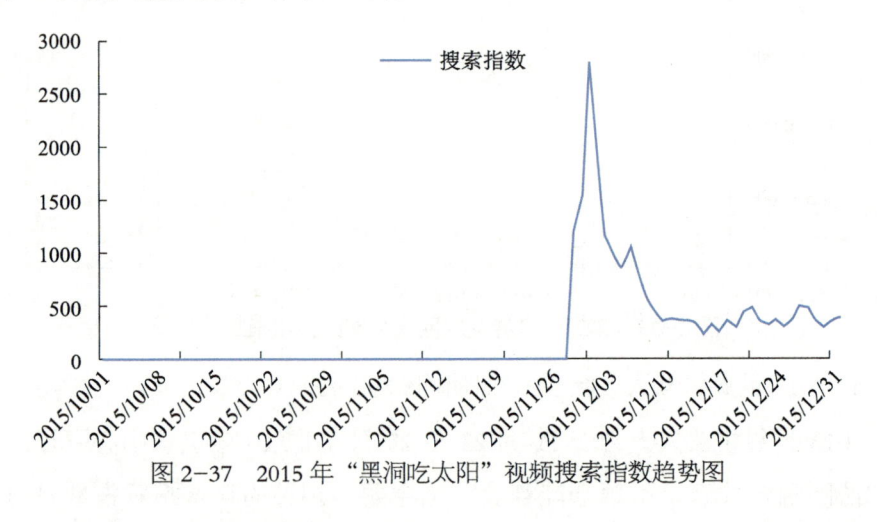

图 2-37　2015 年"黑洞吃太阳"视频搜索指数趋势图

6. 新能源汽车受到中国网民的关注

在《"十二五"国家战略性新兴产业发展规划》中，新能源汽车产业作

为我国七大战略新兴产业之一,得到了国家政策的大力支持。如今,面临着更严峻的环境挑战和更严格的环保要求,业内普遍预计新能源汽车产业将在"十三五"期间获得更多的政策支持。相关的科普搜索指数是600.13万,因逢双月26号北京机动车牌照摇号,故在10月26日达到搜索高峰(图2-38)。

图2-38 新能源汽车搜索指数趋势图

第三节 2015年中国网民科普需求搜索行为年度报告*

《中国网民科普需求搜索行为报告》的年度报告由两部分内容构成:第一部分为中国网民科普需求搜索行为基本特征分析,包括总体搜索状况、搜索主题、人群特征、地域等方面;第二部分为中国网民科普需求搜索年度盘点,包括热词和事件盘点两项内容。

一、中国网民科普需求搜索行为特征

(一)2015年中国网民科普搜索指数呈现增长态势,无线端科普搜索指数占全部科普搜索指数的67.16%

中国网民科普搜索指数由2014年的27.93亿增长到2015年的41.38亿,同

---

* 本报告收录本书时作了少量修改。

比增长 48.19%，环比增长 48.19%。从搜索终端上来看，无线端科普搜索指数（27.79 亿）是 PC 端科普搜索指数（13.59 亿）的两倍多，占据了全部科普搜索指数的 67.16%（图 2-39），中国网民使用无线端进行科普搜索更加活跃。

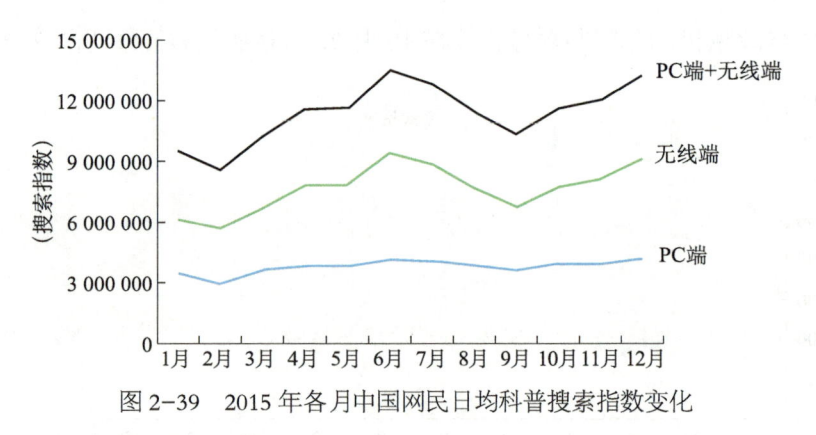

图 2-39　2015 年各月中国网民日均科普搜索指数变化

（二）2015 年中国网民关注的科普主题排名前三位分别为：健康与医疗、应急避险和信息科技

从 2015 年中国网民科普搜索的主题数据分析中得出："健康与医疗"在 8 个主题的搜索中占比为 55.15%，位居第一；"应急避险"相关的搜索占比为 11.07%，位居第二；"信息科技"相关的搜索占比为 9.69%，位居第三（图 2-40）。

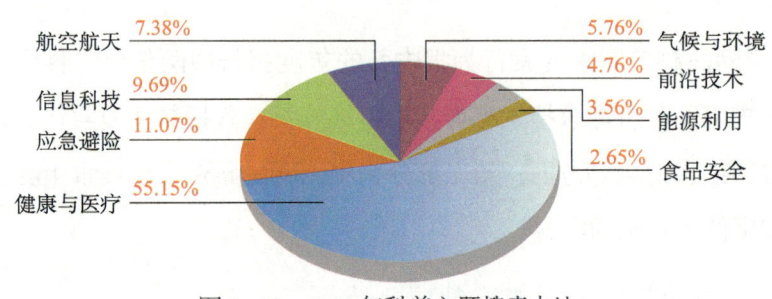

图 2-40　2015 年科普主题搜索占比

（三）应急避险主题搜索指数 2015 年的环比增长最快，由 2014 年的负增长转为正增长

2015 年科普主题环比增长排名依次是应急避险、气候与环境、航空航天、食品安全、能源利用、健康与医疗、前沿技术和信息科技（图 2-41）。应急避险主题

2015年的环比增长最快，由2014年的负增长(-4.89%)转为正增长（90.76%）。2015年自然灾害频发，如1月14日的四川省乐山市和新疆维吾尔自治区地震、1月18日的河南省濮阳地震、4月25日的尼泊尔地震、4月26日的西藏自治区日喀则地区地震、5月22日的山东省威海市地震、6月6日的四川省雅安市地震的相关科普搜索指数均在400万以上；6月的"东方之星"号客轮翻沉事件也受到中国网民的关注；夏季和秋季是台风、龙卷风高发期，引发相应的科普搜索指数明显增长。

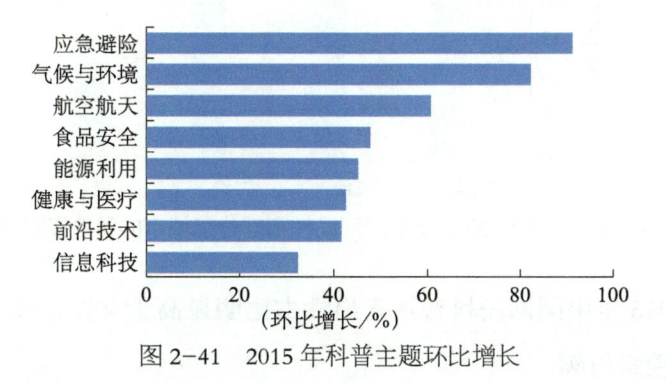

图 2-41　2015 年科普主题环比增长

（四）中国网民科普搜索排名前三位的省份依次是广东、江苏、山东，且科普搜索份额向四级城市下沉

2015 年科普搜索排名前十位的省份、直辖市依次是：广东、江苏、山东、浙江、河南、四川、北京、河北、上海、湖北（图 2-42）。

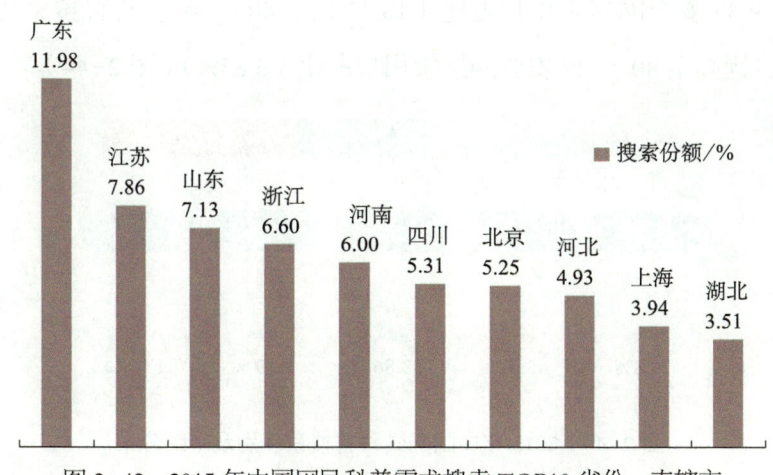

图 2-42　2015 年中国网民科普需求搜索 TOP10 省份、直辖市

从分级城市看，2015年一级、二级、三级和四级城市的搜索份额分别是：15.49%、29.23%、22.83%和32.45%（图2-43）。从2014年和2015年的数据对比分析得出：中国网民科普搜索份额向四级城市下沉。

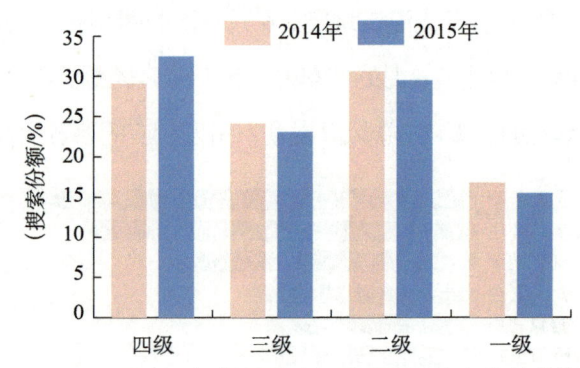

图2-43　2014～2015年中国网民在不同分级城市的科普搜索分布

（五）2015年中国网民科普搜索男性占比明显高于女性，且20～29岁的网民占最大搜索份额

在2015年科普搜索中，男性网民占67.18%，明显高于女性网民。

从中国网民科普搜索的年龄数据分析得出：20～29岁网民占据了最大搜索份额，为45.01%；30～39岁网民占比为33.86%；19岁及以下网民占比为12.8%；50岁及以上网民占比为1.14%。30～39岁科普搜索用户占比（33.86%），远高于30～39岁全网搜索用户占比（15.43%）；40～49岁科普搜索用户占比（7.19%），远高于40～49岁全网搜索用户占比（3.87%）（图2-44）。

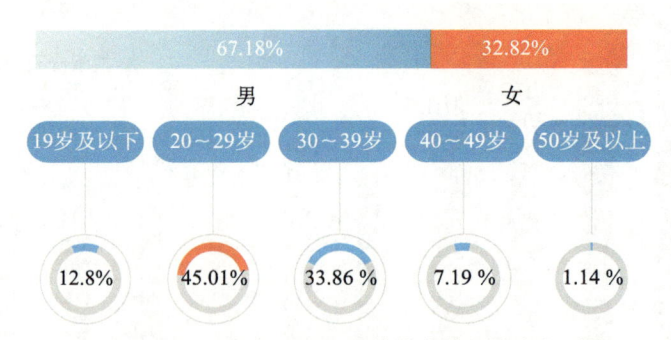

图2-44　2015年中国网民科普搜索性别及年龄分布

（六）在中国网民科普搜索热词 TOP10 中，"健康与医疗"主题词占 80%

在 2015 年中国网民科普搜索热词中，地震、咳嗽、感冒、Wi-Fi、维生素、艾滋病、糖尿病、疼痛、腹泻和养生名列前十位。其中，"健康与医疗"主题词占 80%。"应急避险"主题下，与地震相关的科普搜索位于第一位，指数为 1.7 亿（图 2-45）。

图 2-45　2015 年中国网民科普搜索热词 TOP10

二、中国网民科普需求搜索年度盘点

（一）健康与医疗主题下热搜词排名前三位是咳嗽、感冒和维生素

2015 年健康与医疗主题热搜词 TOP10 分别是：咳嗽、感冒、维生素、艾滋病、糖尿病、疼痛、腹泻、养生、感染和乙肝（图 2-46）。

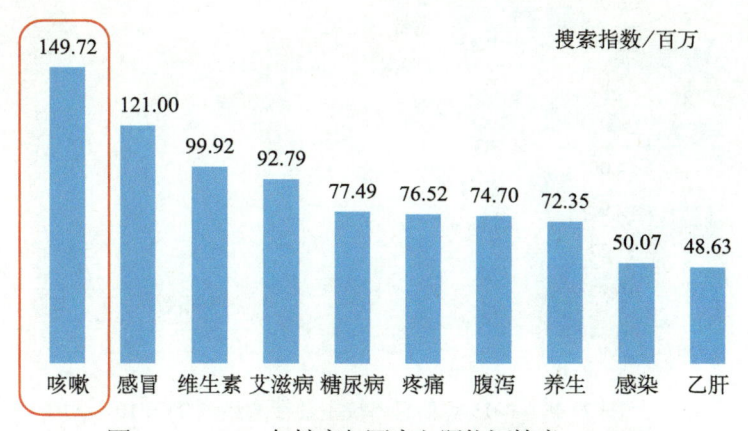

图 2-46　2015 年健康与医疗主题热词搜索 TOP10

（二）应急避险主题下热搜词排名前三位分别是地震、台风和沉船

2015年应急避险主题热词搜索TOP10分别是：地震、台风、沉船、火山、龙卷风、洪水、火灾、灭火器、防火和滑坡（图2-47）。

搜索指数/百万

NO.1 地震	170.27	NO.6 洪水	8.05
NO.2 台风	49.26	NO.7 火灾	7.78
NO.3 沉船	21.60	NO.8 灭火器	6.65
NO.4 火山	10.47	NO.9 防火	6.11
NO.5 龙卷风	9.14	NO.10 滑坡	6.01

图2-47　2015年应急避险主题热词搜索TOP10

（三）信息科技主题下热搜词排名前三位分别是Wi-Fi、APP和宽带

2015年信息科技主题搜索热词TOP10分别是：Wi-Fi、APP、宽带、互联网、数据、3G、软件、传感器、O2O和4G（图2-48）。

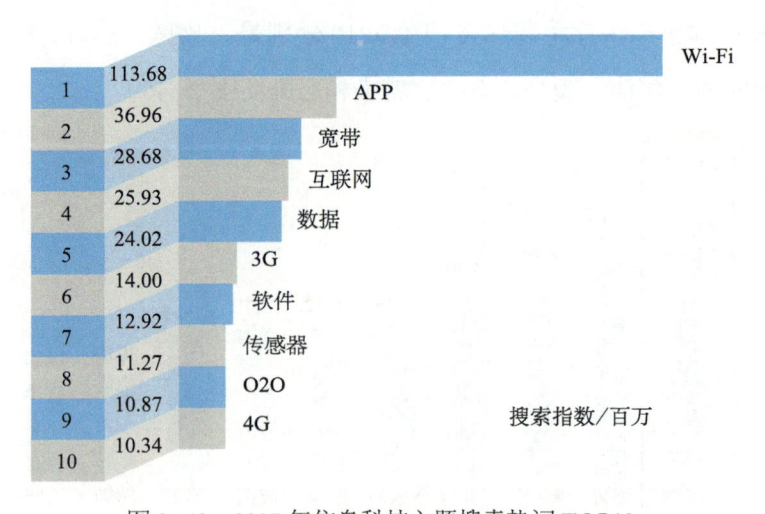

排名	搜索指数/百万	关键词
1	113.68	Wi-Fi
2	36.96	APP
3	28.68	宽带
4	25.93	互联网
5	24.02	数据
6	14.00	3G
7	12.92	软件
8	11.27	传感器
9	10.87	O2O
10	10.34	4G

图2-48　2015年信息科技主题搜索热词TOP10

（四）航空航天主题下热搜词排名前三位分别是黑洞、宇宙和战斗机

2015年航空航天主题热搜词TOP10分别是：黑洞、宇宙、战斗机、GPS、幽灵粒子、NASA、行星、轰炸机、神舟飞船和月球（图2-49）。

关键词	搜索指数/百万
黑洞	34.03
宇宙	28.94
战斗机	19.32
GPS	12.09
幽灵粒子	11.73
NASA	9.73
行星	9.71
轰炸机	8.81
神舟飞船	7.02
月球	6.83

图2-49　2015年航空航天主题热词搜索TOP10

（五）气候与环境主题热词搜索排名前三位分别是雾霾、甲醛和 $PM_{2.5}$

2015年气候与环境主题下热词搜索TOP10分别是：雾霾、甲醛、$PM_{2.5}$、空气质量、暴雨、环保、环境、污染、冰雹和水处理（图2-50）。

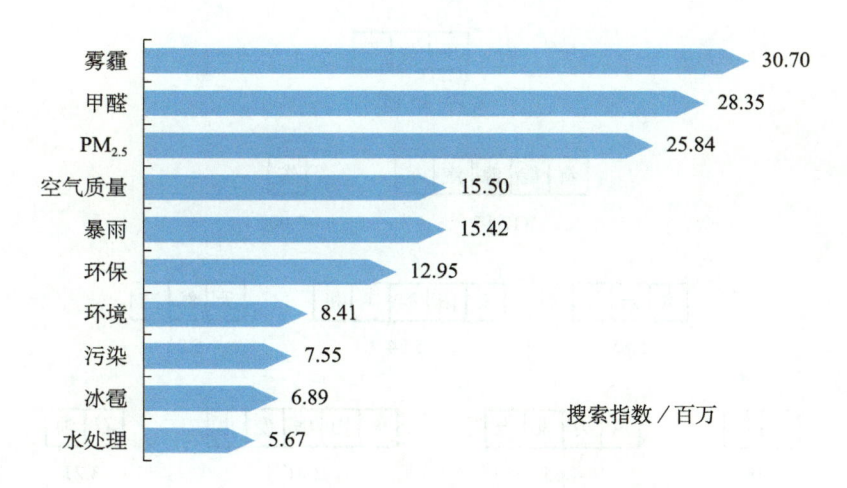

关键词	搜索指数/百万
雾霾	30.70
甲醛	28.35
$PM_{2.5}$	25.84
空气质量	15.50
暴雨	15.42
环保	12.95
环境	8.41
污染	7.55
冰雹	6.89
水处理	5.67

图2-50　2015年气候与环境主题热词搜索TOP10

（六）前沿技术主题热词搜索排名前三位分别是机器人、聚合和3D打印

2015年前沿技术主题热词搜索TOP10分别是：机器人、聚合、3D打印、诺贝尔奖、纳米、石墨烯、量子、磁悬浮、碳纤维、无土栽培（图2-51）。

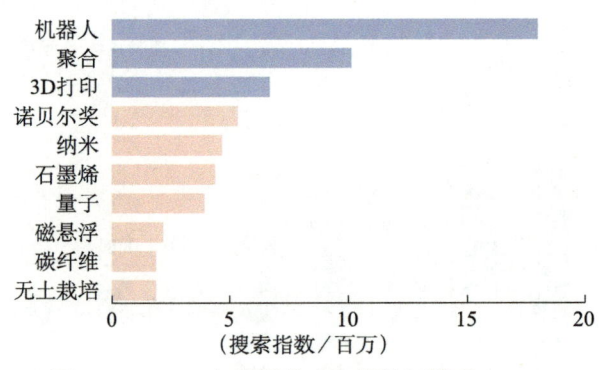

图 2-51　2015年前沿技术主题热词搜索TOP10

（七）能源利用主题热词搜索排名前三位分别是电动车、新能源汽车和煤

2015年能源利用主题热词搜索TOP10分别是：电动车、新能源汽车、煤、太阳能、太阳能飞机、天然气、原油、风力发电、太阳能发电和石油（图2-52）。

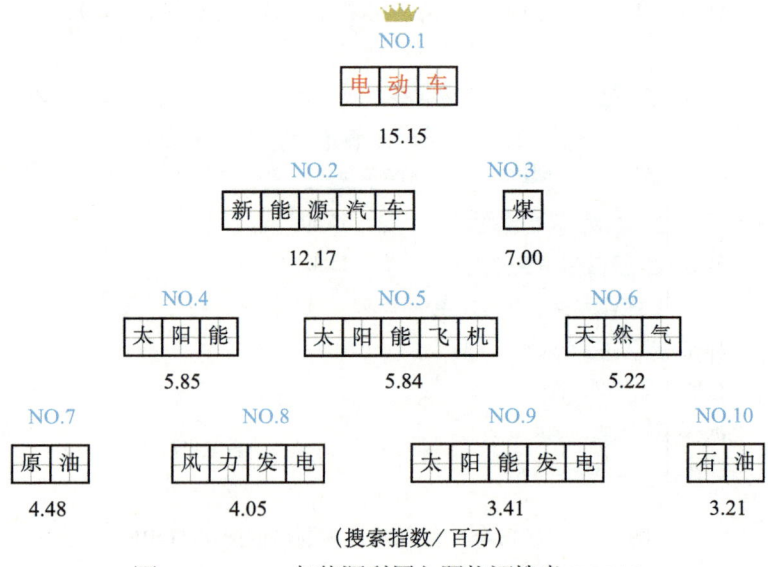

NO.1 电动车 15.15
NO.2 新能源汽车 12.17
NO.3 煤 7.00
NO.4 太阳能 5.85
NO.5 太阳能飞机 5.84
NO.6 天然气 5.22
NO.7 原油 4.48
NO.8 风力发电 4.05
NO.9 太阳能发电 3.41
NO.10 石油 3.21

（搜索指数/百万）

图 2-52　2015年能源利用主题热词搜索TOP10

（八）食品安全主题热词搜索排名前三位分别是僵尸肉、转基因和食品安全

2015年食品安全主题热词搜索TOP10分别是：僵尸肉、转基因、食品安全、食物中毒、奶粉事件、垃圾食品、假鸡蛋、病死猪肉、地沟油、食品添加剂（图2-53）。

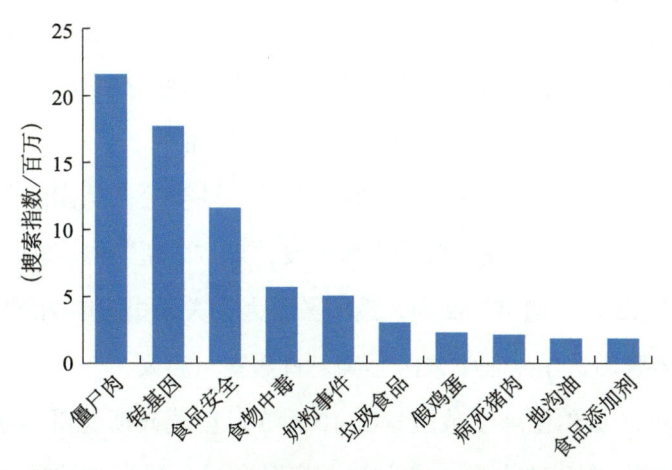

图2-53　2015年食品安全主题热词搜索TOP10

（九）中国网民搜索的十大科普热点事件

1. 冬季现雾霾高发期，引发网民高度关注

从2015年11月27日开始，华北多地持续出现雾霾天气，雾霾面积一度扩大到53万平方千米，程度之重创2015年最高纪录。11月30日当天，北京35个监测站中有23个达六级严重污染，北京单站$PM_{2.5}$小时浓度最高超过900微克/米^3。截至2015年12月31日，北京发布红色预警两次，引发中国网民关于雾霾搜索指数急剧飙升。

2. 媒体报道无中生有，网民热搜"僵尸肉"

2015年6月23日，侨报网发表《"70后""僵尸肉"你吃到过吗？从美国等国走私至中国》，率先将"僵尸肉"置于公众视野之下。5个小时后，新华网的一篇《走私"僵尸肉"窜上餐桌，谁之过？》被人民网、新浪网等多家媒体转载，"僵尸肉"自此受到全民关注。经媒体大量报道后，引发热议，由此也

引起中国网民对"僵尸肉"搜索指数的上升。但通过对新闻线索的核实,发现这是一起无中生有的报道。

3. 中东呼吸综合征蔓延,健康医疗搜索添热度

2015年5月,韩国爆发了中东呼吸综合征疫情,到6月2日共有25宗确诊病例和2宗死亡报告,680多名韩国人被隔离。同时,在泰国和我国广东省都出现了中东呼吸综合征病例,使健康与医疗主题增添搜索新热点。

4. "东方之星"号客轮翻沉,网民聚焦突发灾难

2015年6月1日21时30分,"东方之星"号客轮在从南京驶往重庆途中突遇龙卷风,在长江中游湖北监利水域沉没,"东方之星"号客轮上共有454人,其中成功获救12人,遇难442人,造成了巨大损失,引起中国网民的关注。

5. 屠呦呦获诺贝尔生理学或医学奖,青蒿素引热议

2015年度诺贝尔生理学或医学奖10月5日在瑞典斯德哥尔摩揭晓,来自中国的女药学家屠呦呦获奖,成为首位获得诺贝尔科学类奖项的中国女科学家。屠呦呦的主要贡献在于提取了青蒿素,从而有效降低了疟疾的死亡率,为促进人类健康和减少病患痛苦做出了无法估量的贡献。奖项颁出后,屠呦呦立刻成为中国网民搜索的焦点。

6. 天津发生重大爆炸事故,即时成为搜索热点

2015年8月12日,位于天津滨海新区塘沽开发区的天津东疆保税港区瑞海国际物流有限公司所属危险品仓库发生爆炸,发生爆炸的是集装箱内的易燃易爆物品。截至9月11日,遇难者总人数为165人,直接经济损失估算700亿元,引发全社会广泛关注。

7. 世界互联网大会举行,习主席出席峰会

2015年12月16～18日,为期三天的世界互联网大会在浙江乌镇举行,国家和地区政要、国际组织的负责人、互联网企业领导人物、互联网名人、专家学者等参加了峰会。各方嘉宾围绕"互联互通、共享共治——共建网络空间命运共同体"主题,就全球互联网治理等诸多议题进行了探讨交流,吸引了中

国网民的关注。

8. "悟空"发射成功，首颗暗物质粒子探测卫星成话题

2015年12月17日，酒泉卫星发射中心用长征二号丁运载火箭将暗物质粒子探测卫星"悟空"发射成功，此次发射标志着中国空间科学研究迈出重要一步，有效激发了中国网民对科技前沿的探讨。

9. "灿鸿"横扫浙江，产生较大影响

2015年7月11日，第9号超强台风"灿鸿"携狂风暴雨而来，横扫浙江。"灿鸿"无论从体量、影响范围、持续时间还是带来的风雨来看，威力极大，沿海多个城市都受到了较大影响。

10. 世界机器人大会在京召开，智能机器人受关注

2015世界机器人大会于11月23～25日在北京国家会议中心召开，是中国首次举办关于机器人的国际性大会，大会以"协同融合共赢，引领智能社会"为主题，其中能聊天、懂情感的"美女机器人"受到网民的较大关注。

第四节　中国网民科普需求搜索行为相关分析

除前述季度和年度《中国网民科普需求搜索行为报告》中对相关数据进行分析外，本节又根据搜索数据补充了关于科普需求搜索发展趋势、主题、热词及信息获取方式等方面的一些特征分析。

一、2011～2015年中国网民科普需求搜索整体发展趋势分析

2011～2015年，中国网民科普需求搜索指数总体一直呈上升趋势：2011～2012年，上升幅度并不明显；2013～2014年较2011～2012年有明显提高；2015年，科普搜索指数提高幅度较大。

2011～2015年的中国网民科普需求搜索指数总体保持增长，增速较快的原因为：①中国网民数量有较大增长，由2011年年初的4.57亿增长到2015年年底的6.88亿，造成搜索量大幅增加；②技术发展迅速，使移动设备上网更为便捷，手机网民由2011年的3.03亿增加到2015年的6.20亿，增长了两倍多，

使用手机搜索已成为网民的主要搜索方式（图 2-54）。

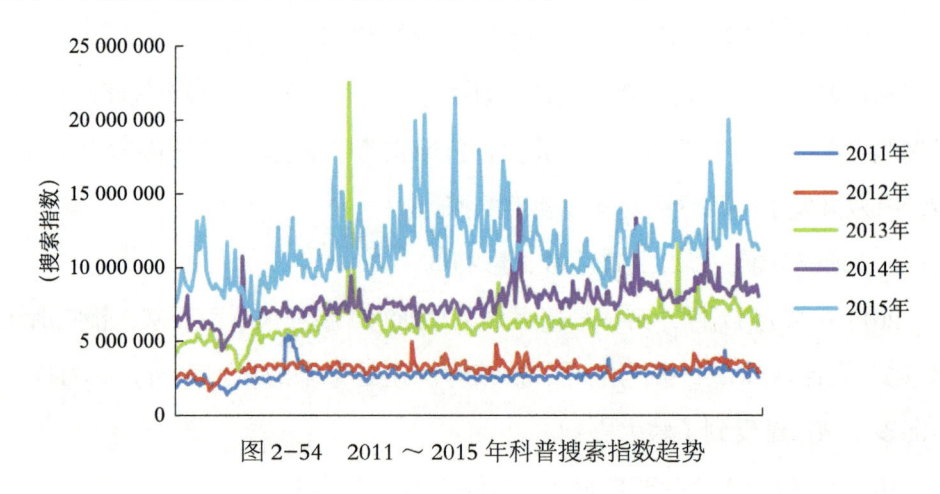

图 2-54　2011～2015 年科普搜索指数趋势

二、健康与医疗、能源利用及食品安全等主题在 2015 年主题搜索中所占份额相对较为稳定

"健康与医疗"一直是中国网民最为关注的科普主题，搜索指数占比一直稳定在 50% 以上；而"能源利用"及"食品安全"等搜索占比也一直相对稳定，分别为 3%～4% 和 2%～3%。

三、热点、焦点事件是引发科普需求指数变化的主要原因

应急避险、气候与环境等主题的搜索指数与突发热点、焦点事件密切相关。因此，当有热点、焦点事件发生后，相关主题的搜索指数都有较为明显的变化，如科普日、地震、台风、雾霾等。

从图 2-54 中可以看出，2013 年出现了 5 年中科普搜索指数的最高峰值。发生峰值较大变化的原因为 2013 年 4 月四川雅安发生地震。

下面几组为选取的 2015 年度热点、焦点事件搜索指数变化图（图 2-55～图 2-57）。

四、典型热词案例分析

在前述年度报告中，列出了 2015 年度的热词排名 TOP10，其中排名第一

的为"地震"，属于应急避险主题；排名第二的为"感冒"，属于健康与医疗主题。下面以中国网民日常生活关注度较高的"感冒"一词为例，解析中国网民基本科普需求的内容及搜索行为。

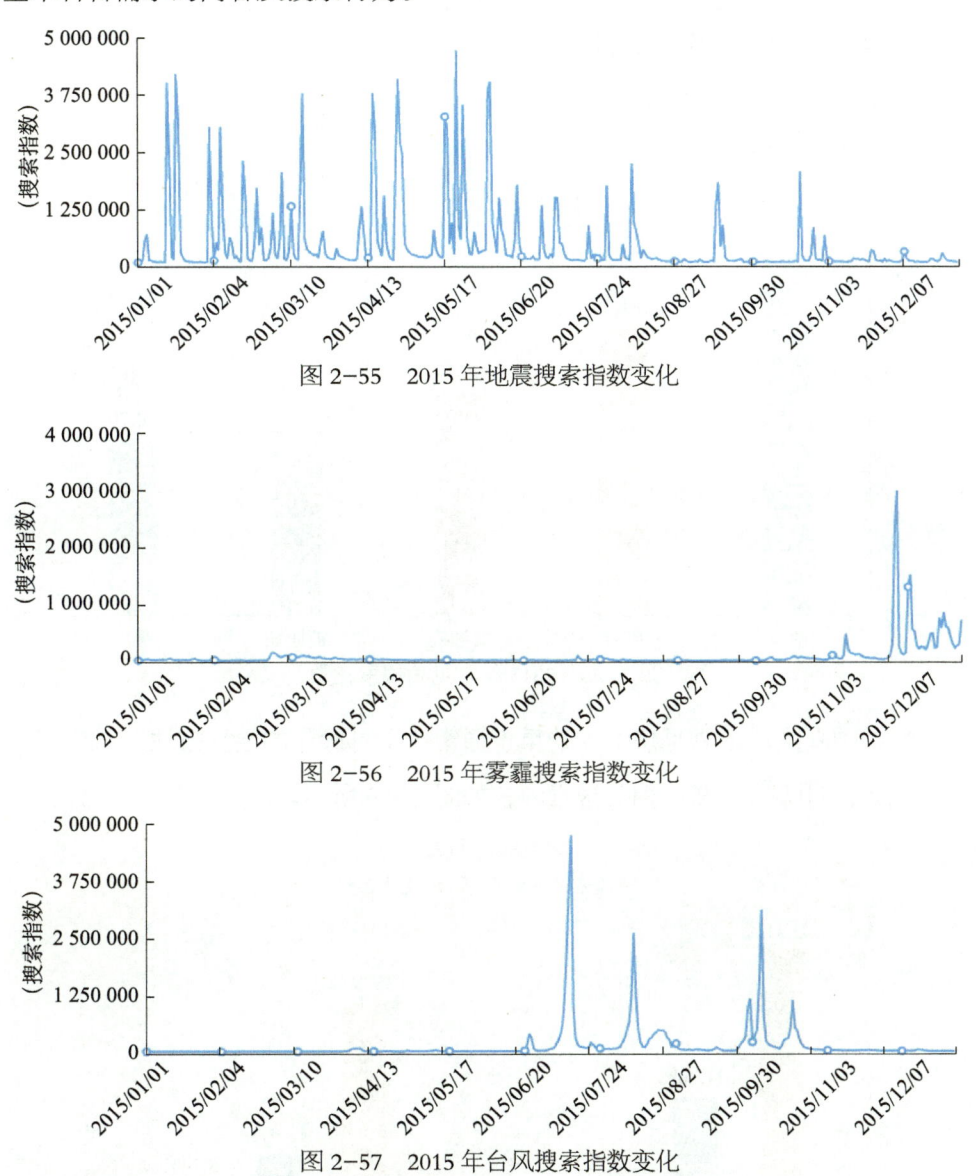

图 2-55　2015 年地震搜索指数变化

图 2-56　2015 年雾霾搜索指数变化

图 2-57　2015 年台风搜索指数变化

2015 年，"咳嗽"一词总搜索量约 1.50 亿。其中，衍生词搜索量最多的为"小孩咳嗽吃什么好的快"，搜索量达到 466.45 万；"咳嗽吃什么好的快"的搜索量达到 448.35 万。"感冒"一词总搜索量为 1.21 亿。其中衍生词搜索量最多的为"孕妇感冒了怎么办",搜索量达到 561.05 万;"感冒了吃什么好的快"的搜索量达到 446.57 万。

由衍生词搜索内容分析得出:

1. 中国网民对常见病关注度最高

如图 2-58 所示。

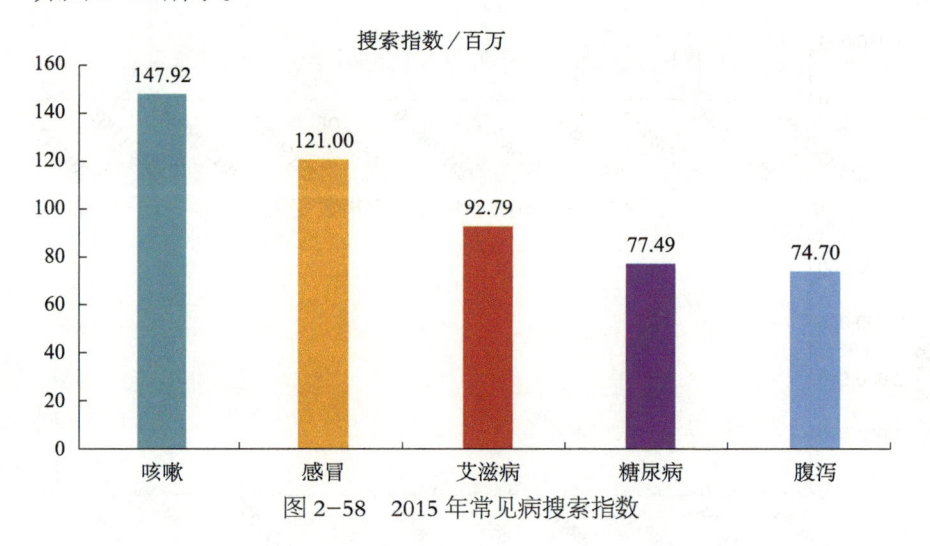

图 2-58　2015 年常见病搜索指数

2. 中国网民对于常见病关注的重点通常在于可操作的治疗方法

例如,对咳嗽、感冒相关搜索内容如图 2-59 所示。

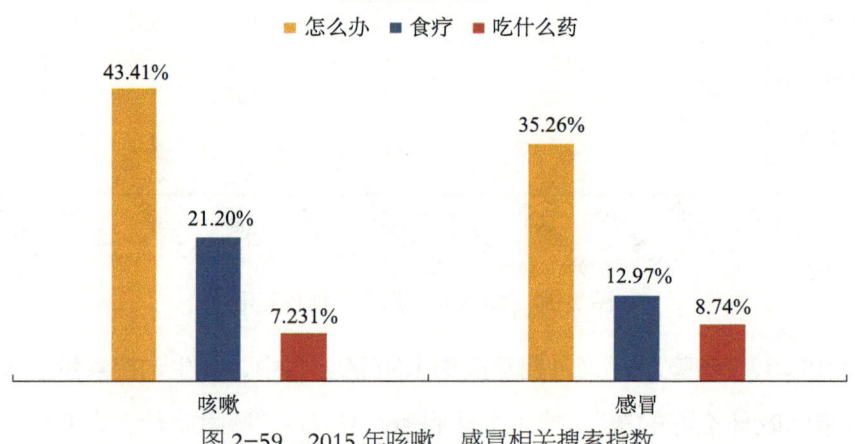

图 2-59　2015 年咳嗽、感冒相关搜索指数

3. "咳嗽""感冒"等词搜索内容适用对象具有特定性，即在某一类人群（孕期妇女及儿童）中搜索较为频繁

如图 2-60 所示。

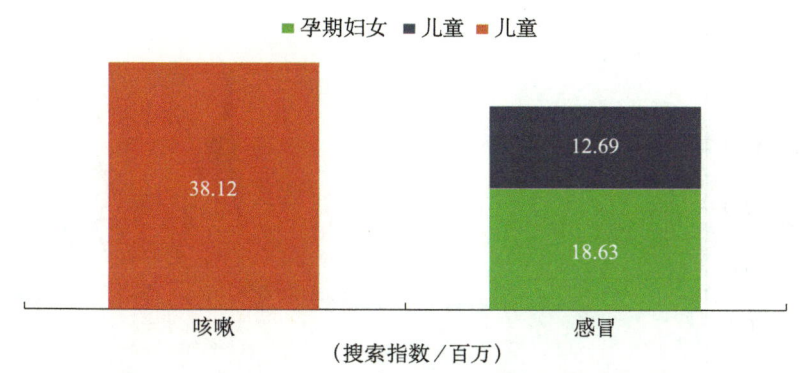

图 2-60　2015 年咳嗽、感冒内容适用对象相关搜索指数

五、中国网民科普需求搜索信息获取方式分析

中国网民科普需求搜索信息获取方式包括文字、图片、视频等多种。由于技术平台统计的数据仅限于网民在搜索框内直接输入的搜索内容，因此，数据分析结果只依据此数据在某种程度上反映网民搜索信息时的获取方式。通过对数据分析可以看到，对于一些提供视频搜索的科学现象、知识等，网民表现出乐于通过更生动、直观的表达方式获取该信息。

2015 年八大主题视频搜索指数见图 2-61。

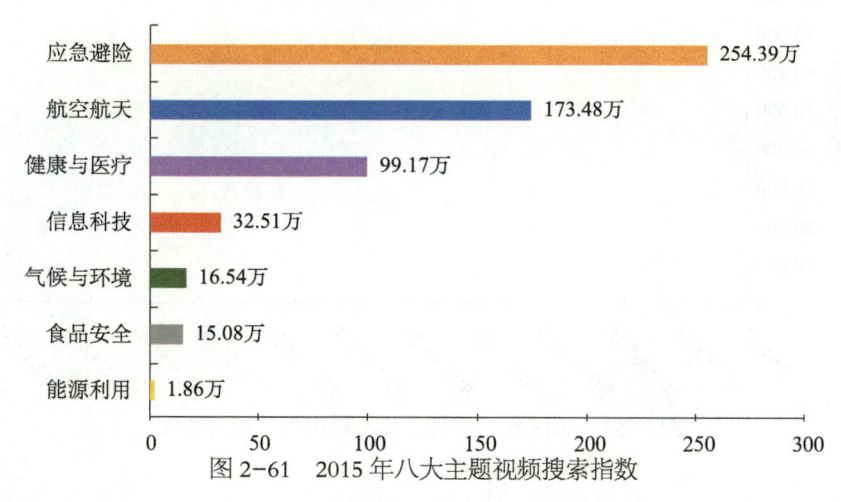

图 2-61　2015 年八大主题视频搜索指数

其中，视频搜索排名最高的是"眼保健操视频"。"眼保健操视频"的2015全年视频搜索指数在"健康与医疗"主题中排名第一，全年搜索量达到了65.57万（图2-62）。

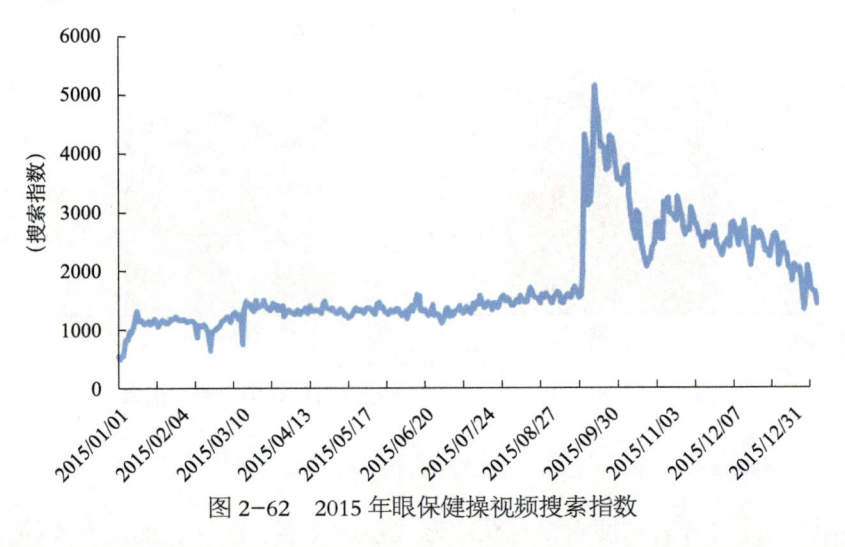

图2-62　2015年眼保健操视频搜索指数

"深圳山体滑坡视频"的2015全年视频搜索指数在"应急避险"主题中排名第一。全年搜索指数达到42.11万，并在12月21日达到搜索高峰（图2-63、图2-64）。

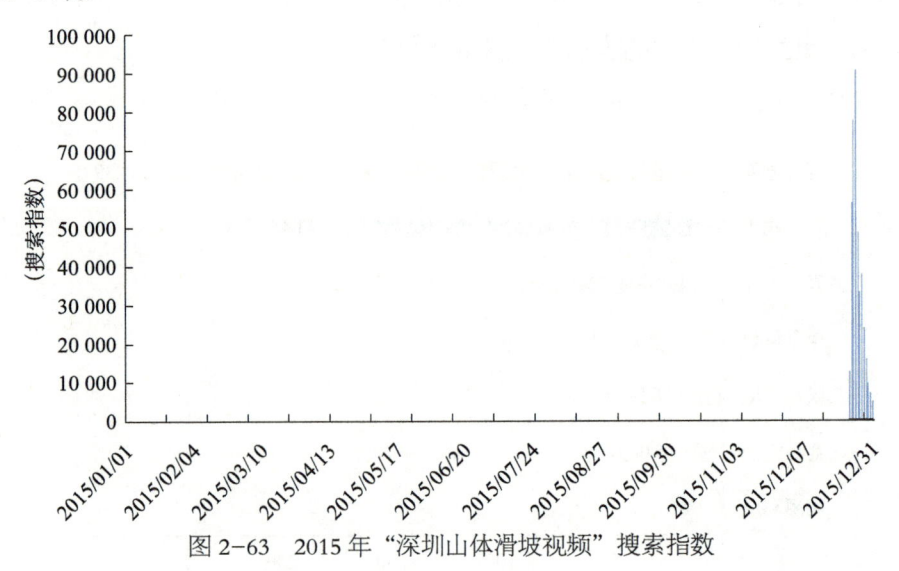

图2-63　2015年"深圳山体滑坡视频"搜索指数

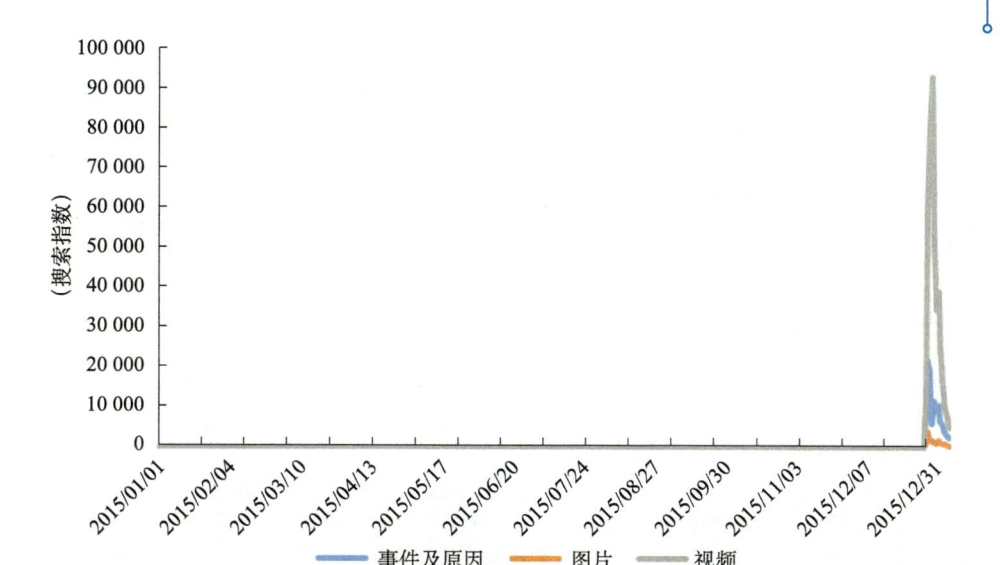

图 2-64　2015 年深圳山体滑坡事件及原因、图片、视频搜索指数对比趋势图

"全息投影视频"的 2015 全年视频搜索指数在"信息科技"主题中排名第一。全年单视频科普搜索指数达到 28.25 万（图 2-65）。

图 2-65　2015 年"全息投影视频"搜索指数

除视频外，图片的搜索指数如图 2-66。

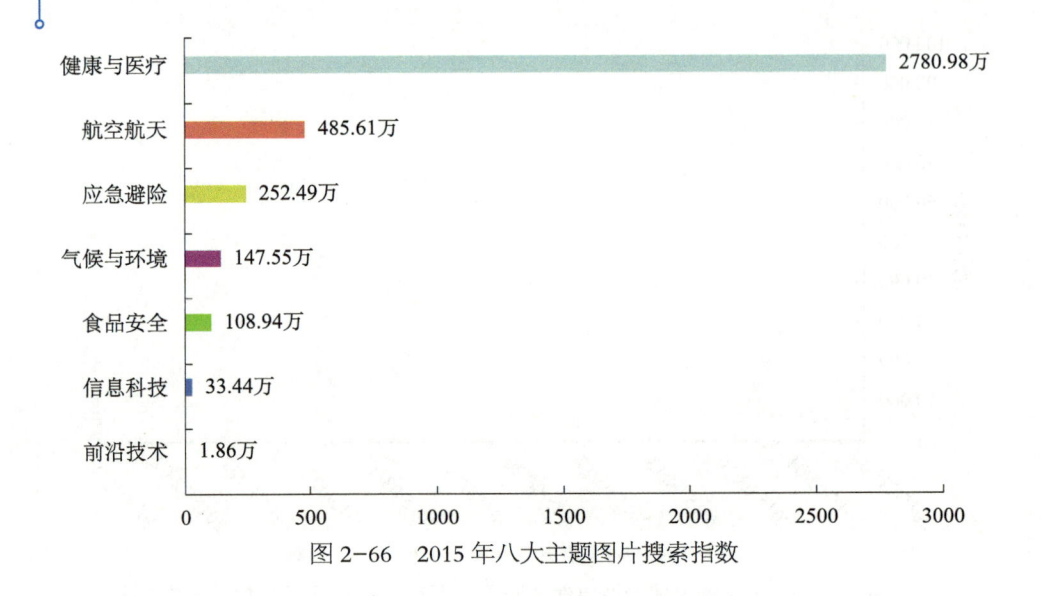

主题	搜索指数
健康与医疗	2780.98万
航空航天	485.61万
应急避险	252.49万
气候与环境	147.55万
食品安全	108.94万
信息科技	33.44万
前沿技术	1.86万

图 2-66　2015 年八大主题图片搜索指数

第五节　思考与建议

通过对 2015 年整个年度中国网民科普需求搜索行为数据的梳理、分析和研究，本节中提出了相关的研究思考和开展科普工作的一些建议。

一、研究思考

2015 年，中国网民科普需求搜索行为研究主要从公众实际搜索行为出发，通过搜索词反映网民的需求状况。在今后的研究中，可进一步拓展研究思路，不仅研究网民自身搜索的热点焦点，也可从应知应会角度出发，增加对于科学常识搜索情况的研究。

2015 年，根据《全民科学素质学习大纲》及《十万个为什么》之《索引资料分册》等资料内容研究，已经尝试对科学常识进行分类并提取种子词，科学常识分类分别是：数学与信息、物质与能量、生命与健康、地球与环境、工程与技术，共整理出 1336 个种子词。2016 年，可尝试将科学常识部分的搜索情况也作为研究的一部分内容，更全面地反映中国网民科普需求状况。

二、科普工作建议

（一）充分运用大数据技术，开拓科普信息化数据驱动新模式

2015年，国务院颁布了《促进大数据发展行动纲要》，发展大数据已经上升为国家战略。目前，我国互联网、移动互联网用户规模居全球第一，拥有丰富的数据资源和应用市场优势，大数据部分关键技术研发也取得突破，因此，深化大数据在各行业创新应用已成为发展的必然趋势。对于科普工作而言，运用大数据技术整合科普资源、挖掘科普需求等都将有力地推动科普信息化工作。

相关单位及行业机构应抓住国家大数据发展机遇，以数据驱动科普信息化建设为抓手，创新科普信息资源开发共享机制。为保障2020年公民科学素质水平达到10%的建设目标，相关单位及行业机构应适度开放科技、教育、医疗、环境、地理、气象、海洋等领域与公众科普相关的数据，有序释放公共信息资源的数据科普潜力，深入落实新形势下《全民科学素质行动计划纲要（2006—2010—2020年）》的各项目标任务。

（二）我国不同分类群体的科学素质水平差距加大，需充分利用科普信息化手段缩小该差距，推动公民科学素质水平的整体提升

第九次中国公民科学素质调查结果显示：从城乡分类来看，城镇居民的科学素质水平从2010年的4.86%提升到9.72%，提升幅度较大，而农村居民从2010年的1.83%提高到2.43%，提升幅度较小，城乡科学素质水平差距进一步拉大；从年龄分类来看，18～29岁公民的科学素质水平从2010年的5.12%提升到11.59%，30～39岁公民的科学素质水平从2010年的3.88%提高到7.16%，其他年龄段的公民科学素质水平与2010年相比提升不明显；男性公民的科学素质水平从2010年的3.69%达到9.04%，女性公民的科学素质水平从2010年的2.59%提升到3.38%，女性公民的科学素质水平与同期男性公民相比差距进一步拉大。因此，相关单位及行业机构在科普工作中应充分利用信息化手段缩

小该差距，推动公民科学素质水平的整体提升。

（三）大力提高互联网络科普信息的科学性和准确性

科学性是科普的灵魂，随着网民通过网络搜索来满足科普需求日益增长的趋势，迫切需要建立完善审核把关机制，强化科普传播内容的科学性和权威性。各类科普组织要共同塑造和维护"科普中国"品牌，树立"科普中国"科学权威、泛在传播、公益公信的鲜明品牌形象，彰显信息化社会的科普正能量，引领互联网端科普信息化思潮。要坚持"内容为王"，建立专家审核和公众纠错结合的科学传播内容审查机制，加强对上传和传播科普内容的审核。

共同建设"众创、靠谱、众享"的科普生态圈，推动科普观念、科普内容、表达方式、传播方式、科普活动、科普资源动员方式、科普平台、科普运行和运营机制创新，大力提升国家科学传播能力，让公众能在网上感悟科学理性、满足科普需求。

（四）利用网络传播优势，建立突发事件、热点焦点事件应急科普网络传播机制

根据 2015 年季度报告及年度报告数据，突发事件以及热点焦点事件对搜索指数的影响极其明显。以中东呼吸综合征为例，第二季度的科普搜索指数达 1700 多万，日均搜索指数达 18.73 万，反映出第二季度中国网民对于这一事件的高度关注。针对突发事件以及热点焦点事件，应利用网络传播优势，建立应急科普网络传播机制，扩大传播效果。各级科普组织应根据大数据分析结果及时发现问题并迅速反应，针对网民实际需求有针对性地利用各类网络传播平台加大传播力度。

（五）对于网民长期关注的热点主题，应在平时加强相关内容的推送，实现热点推送日常化

对于健康与医疗、食品安全、突发性灾害、前沿科技等网民高度关注的主题，应在平时加强相关内容的网络推送。充分利用网络媒体的技术优势，通过大数据分析进行受众细分，有针对性地对不同需求进行定向科普内容推送，以实现网民关注热点推送的日常化，达到更好的科学普及效果。

第三章 网络科普舆情研究

数/说/科/普/需/求/侧

所谓舆情，通俗来说，一般指公众对人、事、物或某种现象的情绪、态度和意见，舆情是民意的反应，对政府决策部门具有一定的推动作用。科普舆情是指公众对科普领域各类信息、人物、事件与现象的情绪、态度和意见，它不仅表现为公众的态度如何，还包括公众重点关注哪类信息或者议题以及其关注背后的原因是什么。网络科普舆情是指借助互联网，通过连接到网络的各种设备获取到的相关科普舆情，网络是一种数据获取手段。

网络科普舆情是社会舆情系统的重要组成部分，在大数据时代，网络科普舆情不仅可以快速产生，而且可以快速发酵，进而对科普领域主管部门产生一定的影响力，这种影响力可能是正面推动，也可能是负面施压。因此，及时了解网络科普舆情，对于科普领域主管单位来说意义重大：一方面，可以对正面科普舆情进行相关强化与扩散，让其促进科普领域工作；另一方面，对于一些带有负面情绪的科普舆情则要找到其背后的深层原因，有针对性地进行疏解，为公众释疑解惑，从而让科普工作获得良性发展。

网络科普舆情研究依托全媒体数据支持，通过舆情监测系统对科普领域相关报道及网友评论进行整合分析，形成舆情趋势图。分析结果除了对科普领域相关单位来说有重要价值外，对于媒体的科学传播工作来说同样意义重大。媒体通过该研究可以及时了解网络科普舆情，从而了解公众关注的信息、话题以及其观点和态度，这对于媒体确定选题、传播科学知识、澄清科学领域谣言及进行舆论引导都有很大的帮助。此外，网络科普舆情研究还向科普信息化建设的项目承担者、各级科协、学会的工作者提供科普内容的选题及切入方向的参考，并为科协系统及相关部门提供和科普相关的热点焦点、突发重要新闻预警，支持科协系统工作。

第一节　科普舆情系统平台建设

科普舆情分析需要大量的数据。为了获取数据，2015年，中国科协与新华网合作共同建设了科普舆情数据监测系统——科普中国实时探针，通过该平台可以实现对数据的实时获取，从而为后续数据分析服务。

一、数据平台搭建

根据网络科普舆情关注重点及科普舆情特点，科普舆情监测系统数据平台共分为八个板块，分别是：舆情总览、分析、科普热点、科普关键词、微博监测、负面预警、搜索和报告。舆情监测系统的网络页面图如图3-1所示。

在"舆情总览"板块可以看到科普热度走势图、载体分布图和科普舆情地域分布等内容；在"分析"板块可以通过选择日期看到当时（日、周、月）的舆情曲线图，也可以看到媒体趋势图和科普专题分布等内容，由此可以看到媒体平台信息量分布及热点科普专题等情况；在"科普热点"板块则可以按照平台类型及日期查看阅读量大的热门科普新闻；在"科普关键词"板块，可以通过选择不同关键词看到该类型专题的发文数；在"微博监测"板块可以看到微博账号发文总数排行榜及博主发博排行榜；"负面预警"板块则有一些需要预警的负面信息；在"搜索"板块可以通过日期、标题、作者等信息搜索站内或者全网信息；"报告"板块则可以生成日报或者简报。

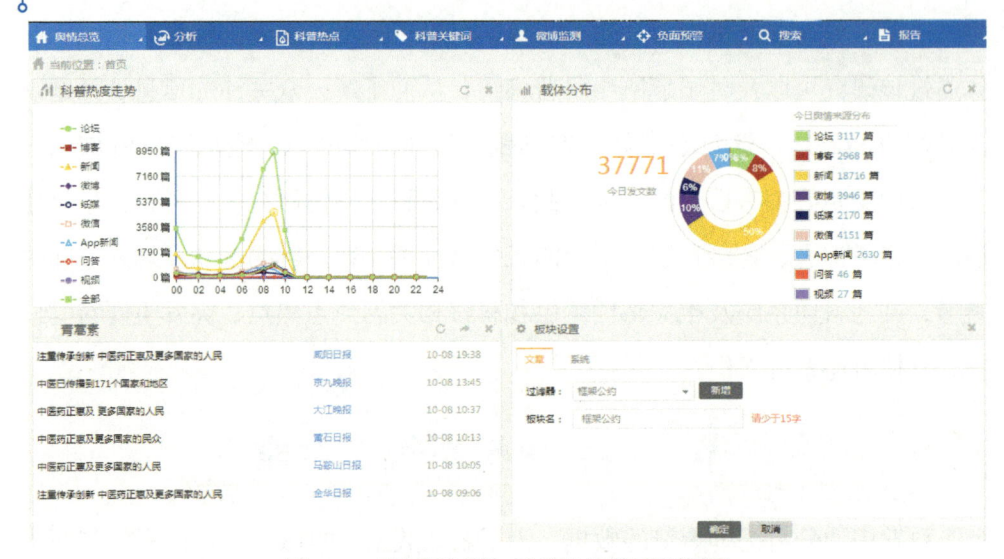

图 3-1 "舆情监测"系统的网络页面图示

注：本数据截图是舆情监测系统网站首页示意图，因是 2016 年实时截图，与 2015 年对比，部分板块结构略有调整，本研究遵循 2015 年板块结构图进行分析。舆情监测系统网址：http://www.cyyun.com/kp-gj-zgkx/home/index.htm。

目前，监测系统主要涵盖了 7 个媒介平台，分别是论坛、博客、新闻、微博、纸媒、微信、APP 新闻，基本涵盖了数据可以搜索获取的主要媒介样态。监测系统对监测内容进行不同科普主题的划分，给每个主题有针对性地设置科普领域监测关键词，并及时进行分析更新。后台通过这些监测关键词可以在各大监测平台实时获取数据，并进行数据存储与分析，后期可以采用人工参与的方式对系统获取到的数据进行深度解读。例如，根据阅读量与回复量等内容统计出重点及热点科普信息；对网友评论和媒体态度进行提炼概括；思考科普启示等。

二、研究报告结构

网络科普舆情研究报告在数据监测系统的基础上通过数据自动获取+人工阅览分析的方式形成，呈现形式主要有文字版周报、月报和年报。

（一）周报

研究周报主要包括以下四个部分。

1. 一周舆情概述

对一周舆情整体情况进行评价，对重点科普舆情新闻或事件进行概要提及。对一周舆情数据进行分析展示，其中包括展示不同媒介载体科普文章量对比的热度分布柱状图和表现一周科普文章总数量变化曲线的舆情热度走势图。

2. 热点排行

对每周的热点科普文章进行综合排名，形成"科普热点排行榜"表格，在该表中可以看到热点文章的标题、站点、阅读量、回复量等数据，还可以根据关键词看到该新闻属于哪个科普领域。

3. 舆情分析

每周选取本周发生的 1~2 个重点舆情新闻或事件进行分析，分析角度包括舆情概况阐述、舆情数据汇总对比、舆情情感倾向性分析、社会各界尤其是网友观点提炼分析四个部分。通过这些内容设置，可以对该舆情新闻或者事件有更深入和更全面的解读。

4. 科普启示

就本周发生的重点舆情新闻或事件提出科普方法改进措施及建议，为科普工作和媒体传播工作提供对策视角。

（二）月报

研究月报在周报的基础上撰写，主要包括以下几个部分。

1. 热点排行

按照本月度四期周报的统计数据，通过阅读量、回复量等指标挑选出 10 条左右的科普舆情文章，并形成热点新闻排行榜。

2. 热点舆情概述

对"热点排行"板块筛选出来的文章进行内容概述以及网友态度简要描述。

3. 传播分析

该部分内容综合运用数据和图表对传播载体分布、载体热度分布及舆情热度走势进行呈现。传播载体分布主要针对七大媒介载体的数据源，展现不同媒介载体的文章数量及其占比情况；载体热度分布主要采用柱状图形式对其他媒介载体的发文数量进行对比，并选出排名前三位的媒介类别；舆情热度走势则通过曲线图的形式对本月科普文章数量的高低走势进行呈现。

4. 关键词分析

主要是对不同科普主题关键词搜索获取到的文章数量进行对比，由此判断哪个领域的信息存量更多及更为网友所关注。

5. 舆情特点研判

该部分类似于周报里的"科普启示"，是对本月四期周报中所提及的"科普启示"的归纳概括，是对舆情特点发展态势与现状的思考和总结。

6. 舆情对策建议

本部分主要从网民舆情态势特点出发，对科普工作及媒体科学传播工作提出具有针对性的对策建议。

（三）年报

研究年报主要包括以下几部分内容：年度科普舆情概述、传播影响力风云榜、数据分析、特点分析、对策建议、下一年科普舆情预测展望等。

周报、月报、年报承载功能有所区别：周报具有单个饱满的科普亮点，聚焦科普困惑；月报是周报的资料汇总；年报增加年度评选风云榜。

三、数据分析方法

本研究采用两种方法进行数据分析。

第一种是将数据监测系统 2015 年 10 月～ 2015 年 12 月共 12 期周报和 3 期月报进行数据提取，结合统计学的系统抽样方法，对被抽取出来的周报和月报样本数据进行分析，得出数据规律及相关结论。

第二种是对舆情监测系统中的相关数据进行在线二次分析，寻找舆情趋势的规律。比如，选定特定日期，对数据监测系统中的趋势图进行生成和分析，发现和总结其中的规律。

第二节　网络科普舆情研究周报

周报作为舆情监测系统定期的重要成果之一，每一模块都有不同的目标。本节选取了两份舆情周报，这两份舆情周报体现了内容方面的调整，因第二份周报案例模块内容更加丰富，后期周报基本遵循第二份周报案例的模式来撰写，现对其模块功能进行分析。

周报共分为四个部分，分别是：一周舆情概述、热点排行、舆情分析和科普启示。

"一周舆情概述"是对一周科普舆情情况的总体呈现。这部分除了文字阐述外，还运用柱状图和曲线图，以数据的形式对不同媒介载体的发文数量及总体科普文章数量的曲线变化情况进行展示，读者可以一目了然地看到一周总体科普文章发文情况。"热点排行"则以文章阅读量为重要参考指标，应用系统监测平台自动获取的数据结合人工分析，筛选出被网友重点关注的科普文章，这一部分为读者提供了重点新闻标题名录，在浩瀚的科普信息海洋中，起到了"拾英撷萃"的作用。"舆情分析"主要从这期周报的热点文章中挑选和公众生活关系密切的重点舆情文章进行深度解读分析，尤其是网友评论部分，通过观点提取与数据分析可以清晰地看到网友的态度取向，这一部分体现研究的"舆情"特征和功能最为明显。"科普启示"则重点对公众面对某些重点舆情新闻时的态度进行分析，从而呈现当前舆情态势的变化与趋势，为科普工作及媒体传播提供相关启示。

案例一：

科普中国实时探针舆情周报

（2015.11.30～2015.12.6）

一、热点排行

科普热点排行榜					
排名	热点文章	日期	站点	关键词	阅读量	回复量
1	华北多地 PM$_{2.5}$ 爆表　北京单站近千	11月30日	《新京报》	雾霾环境	134 453	32 121
2	日本出资5亿援助中国绿化　期待减少越境污染	12月4日	环球网	环境保护	102 118	51 541
3	屠呦呦赴瑞典参加诺奖颁奖	12月4日	央视新闻	科技奖项	92 151	42 151
4	杭州男子可乐当水喝　血糖爆表身亡	12月1日	《钱江晚报》	食品健康	52 191	13 151
5	男子让女儿吃斗米虫治疗厌食症	11月30日	《现代金报》	民间偏方	21 345	5 512
6	国家食药监局：超市转基因生鲜食品须显著标示	12月5日	《北京青年报》	转基因	7 751	2 121
7	深圳马拉松选手猝死	12月5日	《武汉晚报》	运动健康	5 215	1 921

二、热点舆情概述

1. 华北多地 PM$_{2.5}$ 爆表　北京单站近千

从11月27日开始，华北多地出现雾霾天气并已持续多天，雾霾面积一度扩大到53万平方千米，程度之重创今年最高纪录。11月30日当天，北京35个监测站中有23个达六级严重污染，北京单站 PM$_{2.5}$ 小时浓度最高超过900微克/米^3。

网民观点倾向极度负面，类似"没有雾霾的天气，首都人民已经不习惯了"

比比皆是，甚至有网民做了不少讽刺诗，网民已从单纯地表达负面情绪转变到调侃、吐槽、讽刺。少数网民发表环保部门应该治理雾霾和期待蓝天的言论。

2. 日本出资 5 亿援助中国绿化　期待减少越境污染

日本政府 12 月 3 日表示为援助在中国进行植树造林的民间团体向"日中绿化交流基金"提供接近 100 亿日元（约合 5.2 亿元人民币）的资金支持。据悉，从 1999 年开始，由时任首相小渊惠三提议设立总额约 100 亿日元（约合 5.2 亿元人民币）的"日中绿化交流基金"，为日本民间团体援助中国植树造林项目提供经费。每年种植约 1000 万棵树，总面积达 65 000 公顷。日本媒体称日本政府期待该项目能降低来自中国的"越境污染"。

多数网民感谢日本，认为此举为我国的绿化举措和环保措施帮了一个大忙，我们要向日本学习环境保护的意识。也有不少网民认为，相比日本侵华战争对中华文明的破坏、造成的损失是难以估量的。部分网民讽刺中国不缺这 5 亿元人民币，仅援助非洲就达 600 亿美元，以此表达不满国家对环保投入不够的情绪。

3. 屠呦呦赴瑞典参加诺奖颁奖

应诺贝尔奖委员会邀请，中国科学家屠呦呦 12 月 4 日启程赴瑞典斯德哥尔摩，于当地时间 12 月 7 日进行《青蒿素的发现：传统中医献给世界的礼物》主题演讲，10 日参加诺贝尔奖颁奖典礼。12 月 5 日媒体报道，屠呦呦乘机飞往瑞典，参加诺贝尔奖颁奖。

两万多网民为屠呦呦的低调点赞，表达敬佩之情。

4. 杭州男子可乐当水喝　血糖爆表身亡

12 月 1 日，《钱江晚报》报道，杭州萧山区中医院收治了一位 40 岁的中年男子，他把可乐当水喝，送到医院时血糖已经"爆表"，静脉血糖高达 146.25 毫摩尔/升，是正常人空腹血糖的 30 多倍，最终抢救无效死亡。

《南方都市报》、央视新闻、《每日经济新闻》等多家主流媒体转载报道，并在官微转发提醒大家饮料不能当水喝，无糖、低糖饮料同样不能替代水。多数网民认为饮料不健康，不宜当水喝；也有近半网民不以为然，认为媒体宣传不科学、不深入，没有侧重报道患者死于糖尿病酮症酸中毒的事实，控制适量饮用没有大碍；同时，不少网民对事件表示了惊恐和担忧，表示会少喝或不再喝碳酸饮料。

5. 男子让女儿吃斗米虫治疗厌食症

11月30日媒体消息，宁波北仑刘先生10岁的女儿得了厌食症，刘先生委托大伯抓了几条斗米虫炖蛋给女儿补补。在夫妻俩强烈要求下，害怕的女儿把炖蛋给吃了，剩下两条虫子怎么都不肯吃。刘先生觉得扔了可惜，就自己吃了下去，评价称此虫的口感还好。

很多80后的网民表示小时候吃过类似的虫子，且反馈有效果，油炸的味道更好；对要在医生的指导下才能食用的说法，有网民表示了讽刺；部分网民建议大家平常多运动，喝点酸奶或者通过其他健康的方式治疗厌食；少数网民表示惊恐和恶心。

6. 国家食药监局：超市转基因生鲜食品须显著标示

国家食药监局日前发布《超市生鲜食品包装和标签标注管理规范（征求意见稿）》，对超市自设的生鲜食品的包装和标签进行了严格规范。主要内容包括：不得以包装日期代替生产日期，转基因生鲜食品应在标签显著位置作标注等。

多数网民认为转基因食品不仅应标注，而且应该专柜销售，避免消费者误买误食，专柜外销售严惩不贷；不少网民对后续的实施、检查、监管、考核等提出了一系列问题，认为关键在于执行。

7. 深圳马拉松选手猝死

2015深圳国际马拉松比赛组委会12月5日宣布，一名33岁男子在当日参加半程马拉松比赛时突然倒地，抢救无效去世。运动专家建议，参加马拉松运动时应根据身体情况作适当调整，当心肺功能和肌肉力量处在最低点时，应减速慢跑；如果体力不支，建议退出比赛或走完全程。

中山市人民医院院长袁勇表示：猝死极易发生在青壮年群体中。猝死往往是突发的，很难预见，因此也难以预防。临床上这种在运动过程中突发猝死的病例并不少见。"运动后猝死，运动只是死亡的诱发原因，归根结底，猝死主要是由心脏问题引起的，大多属于心源性猝死，还有一些是没有明确的发病原因。"

媒体和微博大V在微博上科普避免马拉松猝死再发生及预防措施；多数网民认为锻炼也要适当，没有受过系统训练的人应慎重参加马拉松；也有不少网民对猝死的队员表示惋惜。

三、传播分析

1. 传播载体分布

在本周传播载体分布中，互联网新闻仍是社会舆论的主要途径来源，新闻类占比达42%。其次为论坛和微博，分别占比17%和11%。

此外，微信占比10%，纸质媒体和博客占比为5%和10%。APP新闻占比4%，占比较小。

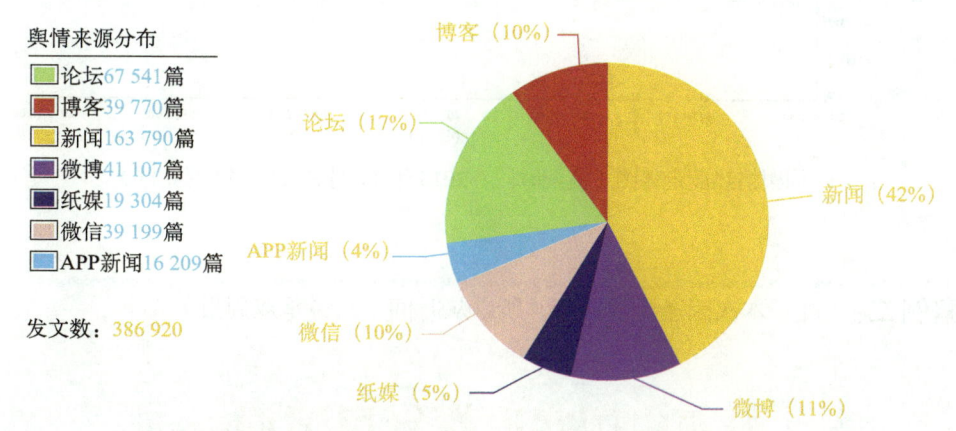

舆情来源分布
- 论坛 67 541 篇
- 博客 39 770 篇
- 新闻 163 790 篇
- 微博 41 107 篇
- 纸媒 19 304 篇
- 微信 39 199 篇
- APP新闻 16 209 篇

发文数：386 920

一周舆情载体分布饼状图（监测时段：2015年11月30日～12月6日）

2. 载体热度分布

在舆情热度方面，本周总发文量为386 920篇。在各传播载体中，新闻量最高，为163 790篇；论坛量其次，为67 541篇；第三名是博客帖数，为39 770篇。七大传播载体的平均发文数为55 274篇。

数说科普需求侧

一周舆情热度分布柱状图（监测时段：2015年11月30日～12月6日）

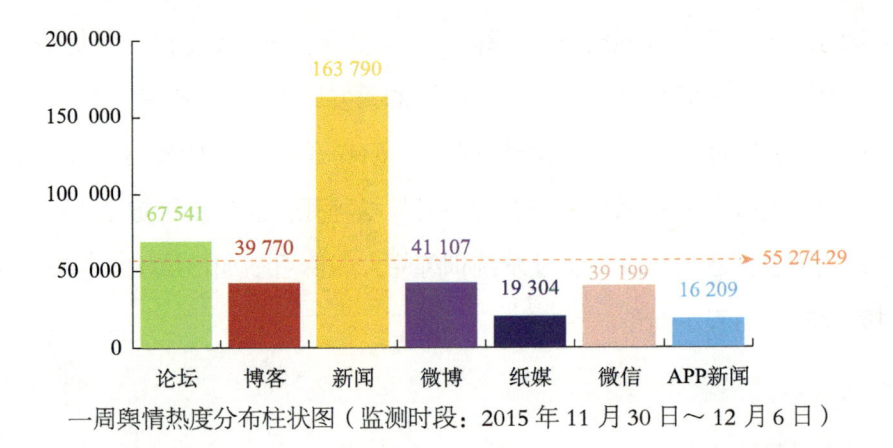

论坛	博客	新闻	微博	纸媒	微信	APP新闻
67 541	39 770	163 790	41 107	19 304	39 199	16 209

平均值：55 274.29

3. 舆情热度走势

本周整体舆情热度走势呈逐渐下降的趋势。11月30日最高，为69 508条，12月6日最低。

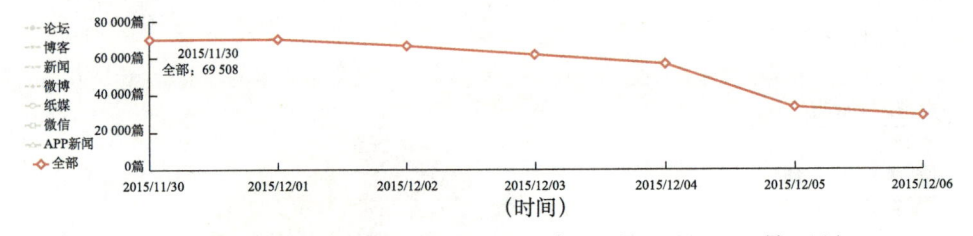

一周舆情热度走势图（监测时段：2015年11月30日～12月6日）

2015/11/30 全部：69 508

案例二：（注：本次因逢元旦假期，所以从时间上来说是双周报）

科普中国实时探针舆情周报

（2015.12.21～2016.1.3）

本报告由中国科协科普部、新华网、中国科普研究所联合发布

一、一周舆情概述

本双周，科普领域总发文量为1 040 415篇，新闻平台发文量占比近半。

受"全国雾霾天气"和"美国 SpaceX 公司成功回收'猎鹰 9 号'"热点事件影响，舆情走势总体震荡波折，2015 年 12 月 30 日为舆情最高点。

美国 SpaceX 公司成功回收火箭催化航空航天类话题发酵，网民对于民间制造出大飞机、国内歼十飞机事故原因、我国发射高分卫星等事件的兴趣和讨论持续上升。"东方之星"号客轮翻沉事件调查报告公布，事故被认定为特别重大灾难性事件，除追责和哀悼外，再一次引发大家对于重大事故中的逃生、自救技能、常识等话题的讨论和思考。同时，舆论对于雾霾话题的关注也进入新的阶段，网民期待政府在治理雾霾上有更多的实际行动，而不是简单的"等风来"。

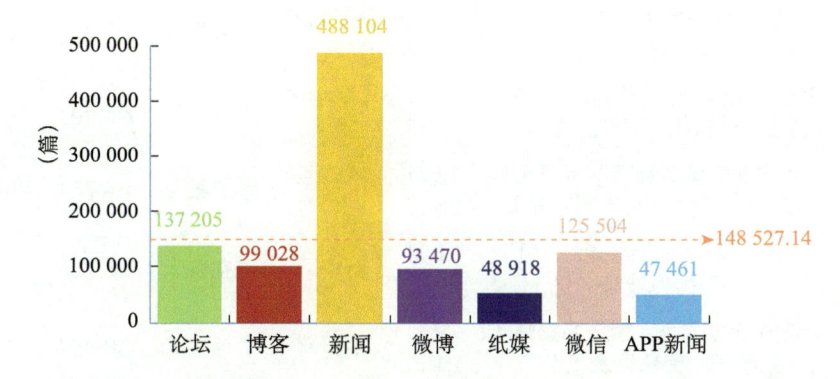

一周舆情热度分布柱状图（监测时段：2015 年 12 月 21 日～2016 年 1 月 3 日）

一周舆情热度走势图（监测时段：2015 年 12 月 21 日～2016 年 1 月 3 日）

二、热点排行

科普热点排行榜

排名	热点文章	日期	站点	关键词	阅读量	回复量
1	"东方之星"号客轮翻沉事件调查报告公布 属特别重大灾难性事件	12月29日	《京华时报》	事故救援	306 871	215 410
2	美国SpaceX公司成功回收"猎鹰9号"火箭创历史	12月22日	凤凰科技	航天技术	245 125	151 214
3	网曝新型诈骗方式：回复HK+卡号 手机SIM卡将被复制	1月2日	央广网	新型诈骗	105 941	39 820
4	东海舰队歼-10飞机失事因发动机撞到绿头鸭	12月27日	央视网	航空事故	100 551	54 789
5	广电总局将强制推广普及TVOS2.0系统	12月28日	中国经济网	互联网+	68 745	35 484
6	京津冀给$PM_{2.5}$划红线：2020年比2013年降四成	12月31日	《京华时报》	大气雾霾	68 451	21 584
7	18岁女生骑"死飞"摔下山崖身亡 不知"死飞"无刹车	12月28日	《钱江晚报》	事故救援	64 751	44 351
8	河南内黄农民自制"大飞机" 外形酷似波音737	12月28日	新华网	航空航天	58 791	21 541
9	计划生育法草案：禁止买卖精子、卵子、受精卵及代孕	12月21日	中国网	生殖生育	58 451	44 121
10	国家林业局回应雾霾增多与三北防护林有关：缺乏科学依据	12月30日	《新京报》	大气雾霾	51 411	11 251
11	央行松绑远程开户 银行"刷脸时代"渐行渐近	12月28日	腾讯科技	科学技术	35 484	1 181
12	内蒙古现"日柱"景观	12月30日	财经网	自然奇观	35 461	9 915
13	长1米69黄唇鱼现身浙江温岭 身价上百万元	12月29日	《钱江晚报》	动物生物	35 412	21 519
14	澳大利亚遭遇极端热浪 考拉被热晕	12月21日	《北京晨报》	气象灾害	32 151	5 581
15	"玉兔"发现新类型月球岩石 或与火山活动有关	12月24日	腾讯太空	太空探索	21 511	3 341
16	中国发射全球视力最佳高轨卫星"高分四号"	12月29日	新华网	航空航天	11 541	4 431

三、舆情分析

全国多地雾霾严重，舆论持续讨论雾霾来源及治理

1. 舆情概况

近几周雾霾天气持续影响全国，尤其北方及京津冀地区特别严重，舆论持续讨论相关话题，其中北京的雾霾天气特别受到网民关注。网络舆情的关注也呈现新特点，逐渐从表达对严重雾霾的惊恐、害怕、愤怒转为对雾霾的来源、国家与地方治理措施、雾霾天气期间政策措施产生的影响以及相关各个部门回应的关注。近两周"京津冀地区给$PM_{2.5}$划红线"以及"国家林业局回应雾霾增多因三北防护林说法不科学"舆情集中。

2. 数据汇总

雾霾相关舆情总量27万余条，传播主要集中在新闻、论坛和微博三大平台。

文章总数	论坛	博客	新闻	微博	纸媒	微信	APP新闻
276 541	65 812	9 121	112 515	42 641	9 871	11 251	25 114

3. 情感分析

舆情情感总体呈现中性，相比前一阶段负面舆情占比超50%已有所改善。

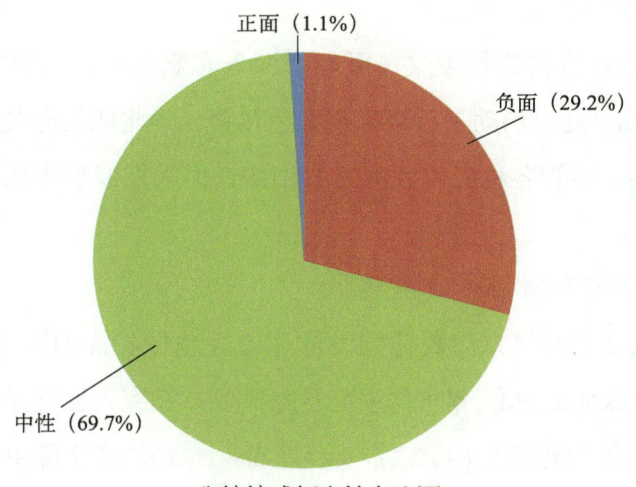

舆情情感倾向性占比图

- 正面（1.1%）
- 负面（29.2%）
- 中性（69.7%）

4. 网民关注点

（1）关于治理雾霾等风来。

1）网民认为不应再等风来，要做实事治理雾霾。

抗霾神曲《吓死宝宝了》热传，歌曲呼吁大家不要再等风来，全民一同正能量抗霾。有网民评论："很贴近现实。"同时还有网民调侃说："还得抓紧做实事抗霾。"

网民"阿立 Paul"：现在的天气预报，雾霾俨然成为主角，刮风下雨不再显得那么重要，等风来成了盼望；见蓝天成了奢望……

网民"于惜墨"：雾霾问题越来越严重，到底什么时候才能得到治理？难道每天都要过着等风来的日子吗？

网民"咸鱼 Wa1t"：如果政府能够真正的有所作为而不是一味地等风来，雾霾来了不是赶紧制定防避政策，那么还用在这里唇枪舌剑吗？

2）媒体无奈表示目前"等风来仍是最靠谱的除霾方式"。

网易新闻转载中国广播网文章，发表题为《等风来仍是最靠谱的除霾方式》，其中列举了三种治理雾霾的方法：人工降雨、人工降雪、人工消雾。但认为物理除霾效果有限，缺少实践价值。消除雾霾，主要还是靠消除污染源，引起雾霾的罪魁祸首是 $PM_{2.5}$。

《财经》杂志官方微博发文《摄影师深入雾霾源头，拍到的场景让人绝望》，称：近期，北京启动了首个雾霾红色预警，华北地区再次大面积陷入雾霾的笼罩之中。尽管各种应急预案纷纷出炉，但人们似乎还是只能做"等风来"的键盘侠。

（2）关于京津冀给 $PM_{2.5}$ 划红线。

国家发改委发布《京津冀协同发展生态环境保护规划》，规划提出：到 2017 年，京津冀地区 $PM_{2.5}$ 年平均浓度要控制在 73 微克/米³ 左右。到 2020 年，$PM_{2.5}$ 年平均浓度要控制在 64 微克/米³ 左右，比 2013 年下降 40% 左右。

多数网民认为平均值设置不够科学，治理雾霾决心不够，担心数据可能会被作假。

网民"黄萝卜她爹"：又见平均，应该规定最高值。

网民"炫至无友"：竟然完全就没有考虑过消灭 PM$_{2.5}$。

（3）关于国家林业局回应雾霾增多因三北防护林说法不科学。

近年来，各地雾霾越来越重，驱霾的风却越来越少。有人认为，风减少或与三北防护林有关。在国新办举办的新闻发布会上，国家林业局对此回应称，森林的防风作用仅限于近地风，根本达不到影响大气环流的程度，这种说法缺乏科学根据。

1）舆论呈现一边倒，几乎所有网民赞同林业局的回应，抨击专家并不认同防护林导致风减少加重雾霾的说法，认为雾霾不应靠风。

网民"smint_1106"：那大兴安岭里一定是雾霾最重的地方了。这种想法的来源真奇怪。

网民"vonen"：最奇葩的难道不是竟然认为雾霾治理得靠风吗？不过既然能怪到林业局的防护林头上，这言论的提出者本身就缺乏常识。

2）网民认同三北防护林对沙尘暴治理已产生效果。

网民"支持凯爷的姐姐"：北京沙尘暴时是我小学的时候，等我懂事儿的时候沙尘暴都治理好了。

网民"带线的匹诺曹"：居然想打防护林的主意，别忘了雾霾之前最恐怖的是沙尘暴。

（4）网民疑惑：雾霾再度来袭，空气净化器到底买不买？

持续的空气污染促使越来越多的消费者购买口罩、空气净化器等来自我构筑安全防线。据中国青年网报道，北京某小学家长集体请求在教室装空气净化器，引起网民直呼"太夸张，有必要吗？"但仍有大多网民赞同配备空气净化器，一瞬间空气净化器的热议话题被推上风口浪尖。

1）正方：雾霾天里装空气净化器是需要的。

网民"harrypingc"：空气净化器效果还是不错的，效果明显，但毕竟只能救救急的，出门在外就没有办法了。真心希望家里的空气净化器天天放着不需要再使用！

网民"亚力高"：不止 $PM_{2.5}$，空气净化器能净化更小的颗粒。前提是要买正宗的净化器。用了就知道，效果明显。没有净化器，这种污染怎么受得了？

网民"阳羊羊羊羊羊羊"：给孩子们安装空气净化器是重中之重了。

2）反方：空气净化器只是心理慰藉，没必要用。

网民"刘芳菲"：大部分人买口罩、空气净化器以获得心灵或生理的安慰。

网民"春天之语"：太矫情，干脆把孩子关在家里自己教吧，省得提心吊胆！

网民"天下无双小广"：空气净化器主要是心理作用，实际效果非常小。

网民"pacific 是我"：装了空气净化器就能够呼吸到新鲜空气吗？这就是个伪命题，应该是跟过去那个喝纯净水是一回事，不过是雾霾闹的和商家炒作罢了。

网民"花田"：安装空气净化器是被动思维方式，适者生存。污染促使人肺功能的进化变得更加强大。

四、科普启示

1. 科普治理雾霾的具体措施

网民对雾霾话题逐渐进入理性细化思考阶段，在追溯雾霾成因的同时逐渐期待国家能有更具体的治理雾霾的措施，但大家对国内目前已有治理雾霾的具体措施及效果，以及国外治理雾霾的措施及效果知之甚少，在这类信息的科普上仍然有较大的空间。

2. 通过科普解答网民疑惑

日常防霾中关于空气净化器、口罩的效果已有不少争论，但仍然没有一个比较明确的观点，我们可以通过样本调查或实验方式普及相关知识。

3. 国外科技新闻热传时，可增加国内同类技术的科普传播

美国成功回收火箭，虽然国内也有类似火箭回收技术，但媒体报道量较少,传播有限。而期间歼十飞机的事故,更是让部分网友认为我国在航空航天技术上较落后。增加对国内已有的同类航空航天技术的科普,带动网民参与,能增强网民对国内航空航天技术的了解,提高网民对国家航空航天技术的自信心。

第三节　网络科普舆情研究月报

月报比周报的数据容量大,为了更系统和深入地分析舆情,月报在周报数据分析板块的基础上进行了扩充,从周报的四个部分升级到六个部分,分别是:热点排行、热点舆情概述、传播分析、关键词分析、舆情特点分析和舆情对策建议。其中每一部分的设置都有自己的功能和目标。

"热点排行"是对该月度每周周报热点排行文章的总筛选,读者通过这部分可以直观地看到每月发生的重要舆情新闻,通过每条新闻的阅读量和回复量,也可以看到该新闻在网友群体中的关注程度。

"热点舆情概述"对"热点排行"中的新闻逐条进行了概述,并就网友对这一新闻的各种态度进行了归纳呈现,起到了重要新闻回顾的功能,让没有持续跟进周报的读者可以通过这部分快速了解本月发生的重要科普新闻。

"传播分析"从传播载体分布、载体热度分布和舆情热度走势三方面来分析月度科普文章传播情况。通过数字和图表,从中可以看到七大媒介载体的科普文章数量分别有多少篇,不同媒介载体的文章数量排名情况如何,以及月度科普文章总数的高低曲线图。由此可以判断哪些媒介载体以及哪些时间段的文章传播量比较大,在科普工作及媒体传播工作中可以相对有一些倾斜和侧重。

"关键词分析"对不同科普主题的文章数量进行统计并形成柱状图,从中可以知道哪类主题的科普文章传播量更多。该项内容可以为科普行业工作者确定重点科普领域提供参考。

"舆情特点分析"通过对重点舆情事件的分析,提炼总结网友在面对重要舆情事件时的态度，从客观角度阐述科普舆情态势，为科普工作和媒体工作再次面对类似舆情时提供借鉴参考。

"舆情对策建议"根据舆情特点的分析内容及当前舆情态势，重点从科普工作及媒体工作角度有针对性地给出具有可操作性的建议，为科普工作服务。

案例：

科普中国实时探针舆情月报

（2015.11.1～2015.11.30）

目　录

一、热点排行

二、热点舆情概述

    1. 辽宁多地空气污染"爆表"　沈阳 $PM_{2.5}$ 浓度超 1000

    2. 国产大飞机 C919 下线

    3. 成都巨响因飞机发出"音爆"

    4. 华北多地 $PM_{2.5}$ 爆表　北京单站近千

    5. 环保部揪出东北雾霾两大"病因"：燃煤企业超标排放

    6. 英国科学家称使用植物油做饭可致癌

    7. 小伙睡前吃泡面配雪碧　胃部充气膨胀如喷泉

    8. 媒体报道南方供暖达成共识　网民担心加重雾霾

    9. 世界机器人大会在北京召开

    10. 全球最大"克隆工厂"落户天津　可复制多种非人动物

三、传播分析

    1. 传播载体分布

2. 载体热度分布

3. 舆情热度走势

四、关键词分析

五、舆情特点研判

1. 雾霾话题受到高度关注并持续走热

2. 网民逐渐理性看待科学家科普及社会事件中的科普案例

3. 官方辟谣和科普继续受到网民质疑

4. 转基因和克隆技术逐渐受到网民关注

六、舆情对策建议

1. 开设雾霾相关专题专栏

2. 及时介入网民疑惑或有争议的热点事件

3. 增加新技术、冷门技术但逐渐走热的内容科普

4. 深入网民关注点有侧重的科普

一、热点排行

排名	热点文章	日期	站点	关键词	阅读量	回复量
1	辽宁多地空气污染"爆表" 沈阳 $PM_{2.5}$ 浓度超 1000	11月9日	中国新闻网	环境保护	1 335 124	33 487
2	国产大飞机 C919 下线	11月2日	观察者网	航空航天	221 541	42 154
3	成都巨响因飞机发出"音爆"	11月26日	《新京报》	航空航天	184 111	21 210
4	华北多地 $PM_{2.5}$ 爆表 北京单站近千	11月30日	《新京报》	雾霾环境	134 453	32 121
5	环保部揪出东北雾霾两大"病因":燃煤企业超标排放	11月17日	每日经济新闻	环境保护	102 141	21 214
6	英国科学家称使用植物油做饭可致癌	11月7日	腾讯新闻	食品健康	101 112	12 141
7	小伙睡前吃泡面配雪碧 胃部充气膨胀如喷泉	11月24日	《余杭晨报》	食品健康	98 412	31 554
8	媒体报道南方供暖达成共识 网民担心加重雾霾	11月18日	新华网	环境保护	95 421	32 141

续表

排名	热点文章	日期	站点	关键词	阅读量	回复量
9	世界机器人大会在北京召开	11月23日	腾讯科技	机器人	88 741	15 411
10	全球最大"克隆工厂"落户天津 可复制多种非人动物	11月23日	新华网	克隆技术	66 521	9 871

二、热点舆情概述

1. 辽宁多地空气污染"爆表" 沈阳 $PM_{2.5}$ 浓度超 1000

11月8日，辽宁鞍山、营口、辽阳、铁岭等多个城市空气质量指数（AQI）超过500"爆表"。其中，省会沈阳的 $PM_{2.5}$ 浓度一度超过1000，居当日中国重点城市空气污染首位，市民纷纷戴防毒面具出行。

环保专家分析，东北地区进入供暖期，燃煤导致空气中污染物增加，秸秆焚烧也会加剧空气污染。网民对这么高的污染指数感到惊恐，表示会减少出门；较多网民认为应采用更加环保的风电、太阳能、核电等新能源方式供热取暖，淘汰落后的煤电供暖；更有不少网民讽刺之前环保部关于雾霾因烧秸秆而产生的回应。

2. 国产大飞机 C919 下线

11月2日，经过7年时间设计研发的 C919 大型客机首架机在中国商用飞机总装制造中心浦东基地厂房正式下线。

多数主流平面和互联网媒体对此给予高度评价，认为 C919 下线标志我国创新能力大幅提升。也有部分媒体如观察者网整理出飞机零部件的供应商，资料显示除机身外，绝大多数核心零部件为美法两国和中国的合资公司供应，一时间引发媒体和网民关于国产大飞机是否为组装的质疑和讨论，不过支持和肯定国产大飞机的网民也占4成左右。

3. 成都巨响因飞机发出"音爆"

11月26日下午，多名四川成都市区及周边郊区县网民称，天空传来巨响。

另有网民称,巨响导致家中门窗震动。当晚8时许,成都市人民政府新闻办公室官微通报称,成都飞机工业集团的飞机在成都市西北方向上空进行正常飞行时,突破音障发出音爆。

音爆名词解释:当物体接近音速时,会有一股强大的阻力,使物体产生强烈的振荡,速度衰减,这一现象俗称音障。突破音障时,由于物体本身对空气的压缩无法迅速传播,逐渐在物体的迎风面积累而终形成激波面,在激波面上声学能量高度集中。这些能量传到人们耳朵里时,会让人感受到短暂而极其强烈的爆炸声,称为音爆。

网民普遍对听到的巨大响声表示了惊恐,不少网民还反馈家里窗户玻璃被震碎;同时也有不少网民不相信是音爆产生的声音,认为是爆炸,同时猜测是超音速导弹或者其他武器;但也有不少网民对国家飞机制造技术感到骄傲,理解和支持国家相关工作,同时提醒媒体报道注意信息安全,做好保密工作,防止国外间谍偷窥。

4. 华北多地 $PM_{2.5}$ 爆表　北京单站近千

11月27日开始,华北多地出现雾霾天气并已持续多天,雾霾面积一度扩大到53万平方千米,程度之重创今年最高纪录。11月30日当天,北京35个监测站中有23个达六级严重污染,北京单站 $PM_{2.5}$ 小时浓度最高超过900微克/米^3。

网民观点倾向极度负面,类似"没有雾霾的天气,首府人民已经不习惯了"比比皆是,甚至有网民做了不少讽刺诗,网民已从单纯地表达负面情绪转变到调侃、吐槽、讽刺。仅少数网民发表环保部门应该治理和期待蓝天的言论。

5. 环保部揪出东北雾霾两大"病因":燃煤企业超标排放

近日,环保部连发三篇通报,分别介绍东北、京津冀及周边地区空气质量状况。据介绍,环保部督查组在东北三省的督查中,发现大量环境违法行为,齐齐哈尔市黑龙江黑化集团有限公司、华电能源股份有限公司等多家企业或旗下公司因超标排放被环保部点名。环保部在督查中主要发现了几方面问题：①个别企业未严格落实应急措施要求；②部分燃煤企业存在超标排放、治污设施建设不完善或未正常运行等问题。

网民对环保部的回应依旧持质疑和讽刺态度，并再次搬出环保部上次回应"雾霾因焚烧秸秆而起"的事件进行调侃。同时，网民关于加强对企业违法超标排放的行为进行严惩的呼声很高。不少网民也认为汽车尾气排放也是造成雾霾的重要原因之一。

6. 英国科学家称使用植物油做饭可致癌

据英国《每日电讯报》11月7日报道，英国科学家称，用玉米油或葵花子油等植物油做饭，可能导致包括癌症在内的多种疾病。科学家推荐使用橄榄油、椰子油、黄油甚至猪油替代普通植物油。

对此，营养学家顾中一表示："我看了下原版新闻，有些地方有夸大误导之嫌。"多数网民质疑动物油比植物油健康的说法，猜测科学家联合商家炒作椰子油。

7. 小伙睡前吃泡面配雪碧　胃部充气膨胀如喷泉

近日《余杭晨报》报道，小曹在临睡前吃了两包泡面，喝了两瓶雪碧，次日腹痛难忍。医生给他插了胃管，有大量气体随胃管排出，夹杂着糨糊般的液体和食物残渣。医生称：泡面中的食用胶和碳酸饮料发生作用，产生二氧化碳；且睡眠时胃肠蠕动减慢，致大量气体积聚，严重或致猝死。

多数网民表示好可怕，对自己的饮食表示担忧，庆幸和调侃自己吃了那么多垃圾食品还活着；不少网民质疑该现象由雪碧和泡面引起，吐槽小曹同时吃两包面，喝两瓶雪碧太能吃，可能吃多了；不少网民也提醒大家尽量少吃不健康的垃圾食品。

8. 媒体报道南方供暖达成共识　网民担心加重雾霾

11月18日，新华社报道，随着南方极端天气增多和老百姓生活质量要求的提高，各界对于"南方也要供暖"已达成共识，当前争论的焦点其实是在于"如何供暖"。

多数专家建议，要根据地域特点，合理灵活地选择供热方式，独立自采而非集中供暖。同时，在计量方式上，也不能像以往那样"一刀切"，需要探索更灵活的"分散计量"。与此同时，绝大多数网民则对南方供热会加重雾霾表示深深的担忧，也有很多网民表示如果供暖价格较高则更愿意选择空调取暖。

9. 世界机器人大会在北京召开

2015 世界机器人大会于 11 月 23～25 日在北京国家会议中心召开，这是一场中外机器人群集的"武林大会"，工业机器人、服务机器人、特种机器人在博览会上争奇斗艳。

网民感慨科技发展迅速，其中能聊天的情感机器人"美女机器人"受到网民的较大关注。网民调侃宅男福利到来，此机器人可以成为女朋友；不少网民也认为"美女机器人"的着装还有待改进。

10. 全球最大"克隆工厂"落户天津 可复制多种非人动物

11 月 23 日，天津开发区管委会近日与英科博雅基因科技（天津）有限公司签署战略合作协议，使全球最大"克隆工厂"落户当地，"克隆工厂"从事优质工具犬、宠物犬、非人灵长类、优质肉牛、顶级赛马等动物的克隆业务，加速实现克隆技术在现代畜牧品种改良中的应用以及特殊疾病模式动物的提供。合作公司已为包括中国在内的全球多个国家提供了 550 只克隆犬，用于执行机场、海关、协助警察等特殊任务。

多数网民不赞成这种行为，认为克隆违反自然定律，担心克隆技术应用到人类上，并调侃应该多克隆出些美女；仅少部分网民支持克隆技术的发展，认为应该往好的方向思考。

三、传播分析

1. 传播载体分布

11 月传播载体分布主要集中在互联网新闻，占比达 42%；其次为论坛和微信，占比 17% 和 14%；此外，微博占比 9%，博客和纸质媒体占比为 9% 和 5%。APP 新闻占比 4%，占比较小。

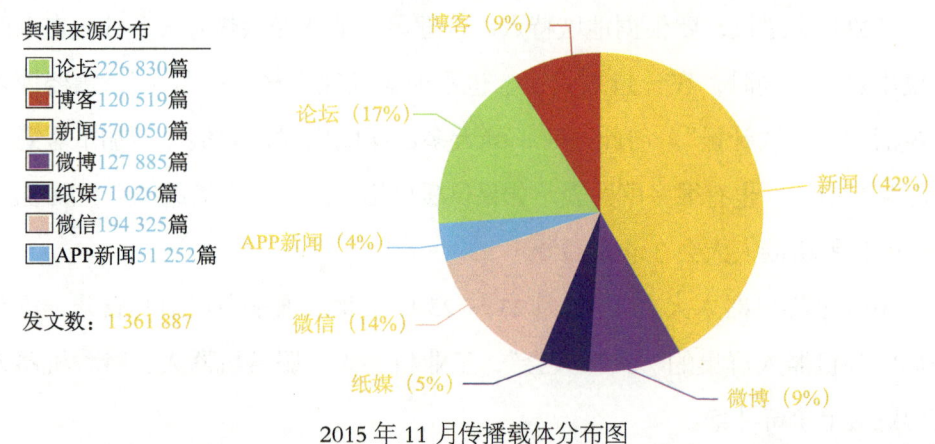

数说科普需求侧

舆情来源分布
■论坛 226 830篇
■博客 120 519篇
■新闻 570 050篇
■微博 127 885篇
■纸媒 71 026篇
■微信 194 325篇
■APP新闻 51 252篇

发文数：1 361 887

2015年11月传播载体分布图

2. 载体热度分布

在本月舆情热度方面，总发文量1 361 887篇，传播载体中新闻热度最高，达570 050篇；论坛其次，为226 830篇；第三是微信，为194 325篇。七大载体的平均发文数为194 555篇。

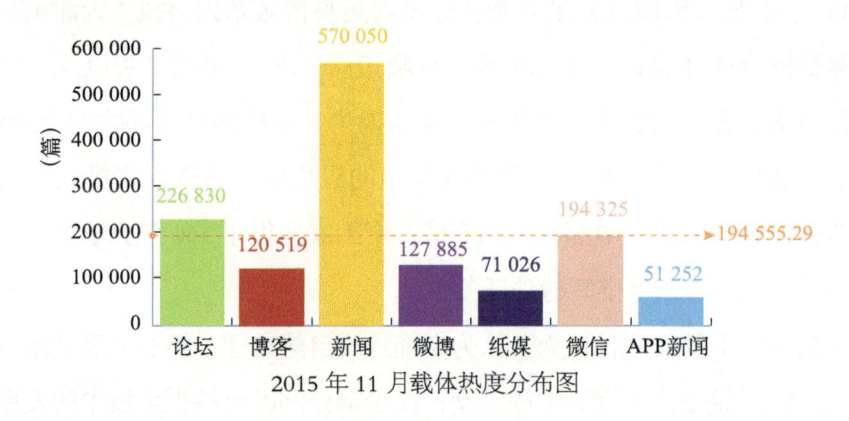

2015年11月载体热度分布图

3. 舆情热度走势

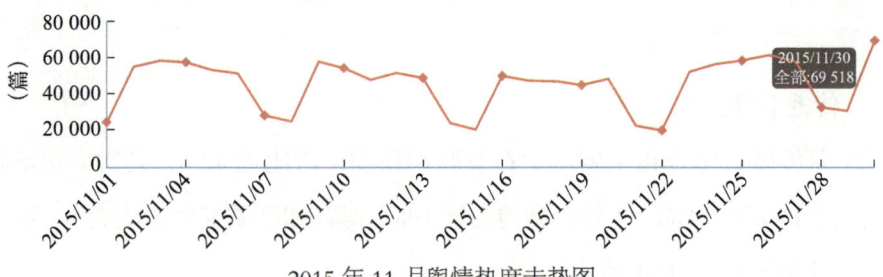

2015年11月舆情热度走势图

11月整体舆情走势平稳并震荡波动，舆情高点集中在月末。其中，11月30日最高，11月22日最低。

四、关键词分析

在11月科普相关关键词中，"健康"和"生态环境"依然位居前列。排行前十位的热点舆情中有4件与"生态环境"相关，我国北方地区的大范围雾霾成为网民持续关注的话题。

五、舆情特点研判

1. 雾霾话题受到高度关注并持续走热

11月热点排行前十位中，有四个与雾霾相关。"辽宁多地$PM_{2.5}$爆表 沈阳浓度超1000"更是达到本月舆情的榜首。空气污染和大众网民的生活息息相关，并引发了长尾效应。网民除了对雾霾天气本身高度关注外，对环保部的回应以及南方供暖加重雾霾的相关话题讨论参与度也极高。

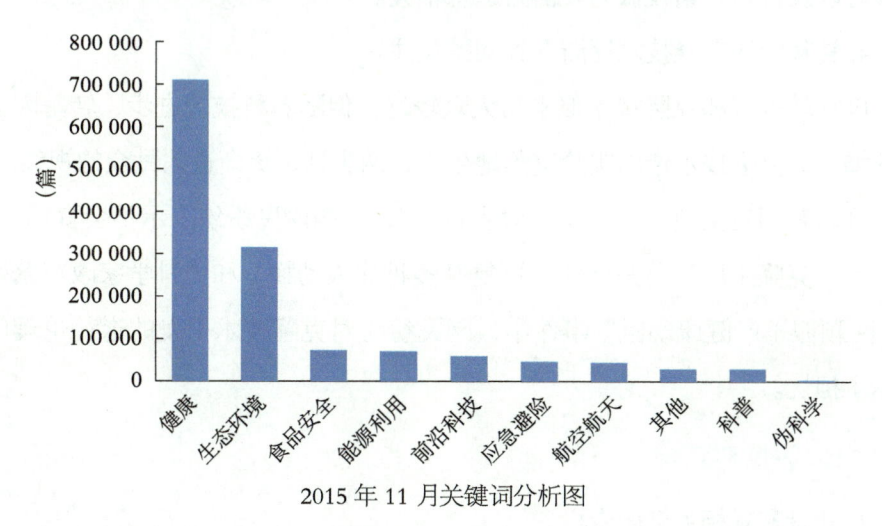

2015年11月关键词分析图

2. 网民逐渐理性看待科学家科普及社会事件中的科普案例

媒体报道和科学家观点一直在大众科普中起着重要的引导作用，与此同时，网民观点却越来越趋向多元和理性，并已经逐渐能形成自己的观点。例如，在"英国科学家称使用植物油做饭可致癌"事件中，有不少网民根据自己的经验质疑动物油比植物油健康的说法，并通过网上资料查询怀疑媒体和科学家炒作椰子油。在近期两起因碳酸饮料引发的悲剧中同样有所体现，"小伙睡前吃泡面配雪碧　胃部充气膨胀如喷泉"和"小伙每天喝近20瓶碳酸饮料　血糖过高死亡"事件中，有不少网民认为不能单纯地归咎于碳酸饮料，而应该深入分析其中的原因，事件当事人均有一定的疾病，碳酸饮料是诱发因素，仍旧坚持适当饮用和保持良好的饮食习惯无大碍的观点。而在"男子让女儿吃斗米虫治疗厌食症"事件中，绝大多数网民用小时候的亲身经历表达斗米虫对治疗厌食症并没有效果的观点。

3. 官方辟谣和科普继续受到网民质疑

成都发生巨响后，官方回应因飞机发出"音爆"，虽然官方给大众科普了一次"音爆"的概念，但近半的网民仍然持质疑态度。同样，环保部回应近期东北雾霾因燃煤企业超标排放，网民对此不以为然。出现类似情况与官方回应不及时以及日积月累较低的公信力息息相关。

4. 转基因和克隆技术逐渐受到网民关注

以往转基因和克隆技术似乎与大众较远，但随着科技的进步，转基因食品日渐增多，克隆技术走出实验室落地生产，两类话题逐渐进入民众的视线。"美国批准转基因三文鱼上市，遭反对者抗议"，国内网民纷纷表示不会食用。"全球最大'克隆工厂'落户天津　可复制多种非人动物"和"科学家改写繁殖规则：两颗卵子产健康幼鼠"事件中，网民纷纷对克隆技术引发的道德伦理问题表示了担忧。

六、舆情对策建议

1. 开设雾霾相关专题专栏

近期雾霾天气席卷北方，网民关注持续走高，并有继续加强的趋势。目前网民舆情更多集中在对官方和相关部门的不满上，而对雾霾本身相关的知识，如 AQI（空气质量指数）、$PM_{2.5}$、PM_{10} 等依旧有很多的普及空间。同时雾霾已不是北方的专属，南方的雾霾天气也越来越严重，根据不同区域的情况实时展示雾霾动态地图，会有不错的科普效果。

2. 及时介入网民疑惑或有争议的热点事件

网民在微博微信上疯传成都飞机音爆事件照片和消息后才有回应，无疑是非常不及时的。而在此期间网上充斥着网民的各种疑惑、惊恐、谣言，科普舆情监测方作为第三方及时通知相关单位，并在官方未回应前适量做出科普报道，能有效遏制谣言的传播。在官方回应后获得较大质疑时，能更深入更细致地分析、普及音爆相关历史案例、原因、影响等，不仅能起到协助作用，更能提高影响力。

3. 增加新技术、冷门技术但逐渐走热的内容科普

互联网时代，网民对新科技、新技术的关注越来越趋向自主化、潮流化，我们更应走在网民前面，普及前沿科技，引领科技关注潮流。除最近较热的克隆技术、转基因相关话题外，石墨烯、新能源电池、虚拟现实等话题可以增加相关内容的宣传。

4. 深入网民关注点有侧重的科普

以世界级机器人大会为例，官方和媒体对大会内容本身层面的报道较多，而网民最关注的仿真机器人"美女机器人"，对此在网民关注点上的挖掘欠缺。针对网民最关注的仿真机器人细分类，我们可以多些"接地气"的报道，能获得较好的效果，依此类推，其他宣传也可以结合网民关注点来进行。

第四节　科普舆情系统数据分析

网络科普舆情系统的建立为科普舆情数据的实时抓取收集提供了重要平台，通过对这些数据进行整合梳理分析，找出其中的趋势和规律，可以了解网络科普舆情的状态。网络科普舆情研究周报、月报等以舆情系统收集的数据作为起点，结合人工方式，对不同时间段的网络科普舆情进行解读，产生了具体直观的阶段性成果。为了更加全面系统地分析这些科普舆情数据，从而对科普

舆情态势有更加深入的透视，网络科普舆情数据分析主要从两个方面来开展：一种是对现有周报和月报的数据进行分析统计；另外一种是对舆情监测系统的在线数据进行统计分析。

根据系统抽样原则，网络科普舆情研究对12份周报样本进行了间隔取样，共获得6份样本；对3份月报样本进行了全样本分析。在现有12份周报样本中，2015年12月21日～2016年1月3日这期周报因假期及项目进度原因发布的是双周报外，其他11份都是周报，现将这12份周报进行数字编码，设置为1～12号，在这12份样本中进行间隔抽取后确定6份样本，即序号为1、3、5、7、9、11的这6份周报。通过对这6期周报的数据进行录入分析，总结出数据规律。(为便于文字表现，接下来仅以样本序号代替样本的时间周期，(表3-1)

表3-1　不同时间段的周报样本统计表

样本1	样本2	样本3	样本4
20151005～20151011	20151012～20151018	20151019～20151025	20151026～20151101
样本5	样本6	样本7	样本8
20151102～20151108	20151109～20151115	20151116～20151122	20151123～20151129
样本9	样本10	样本11	样本12
20151130～20151206	20151207～20151213	20151214～20151220	20151221～20160103

除了对周报进行抽样分析外，还将对3份月度样本进行全样本分析。正式分析前，将研究中会涉及的词汇——"热度"释义如下：舆情分析中所提及的"热度"和通俗意义上表达温度的"热度"含义不同，舆情分析中的"热度"通常指新闻或者其他信息的热门程度，这种热门程度通常体现为文章发布量、用户阅读量或者网民评论回复数等，一般通过数字或者分析百分比等指标来体现。从一定程度上来说，通过热度指标可以看出研究对象（这里指科普相关信

息）被用户关注或者热议的程度。

研究主要从以下几个维度来进行：不同载体舆情热度对比；同类载体舆情热度对比；科普专题舆情热度对比；舆情热度趋势图分析（日、周、月）。

一、不同载体舆情热度对比

在这里，载体指媒介形态（下同），具体指新闻、博客、论坛、APP新闻、微信、纸媒、微博这七类数据源。舆情热度指不同媒介平台抓取的新闻量，新闻量越大，说明该媒介形态的科普信息越多，作为科普平台的功能性越强，网友也越关注。通过对不同载体信息量的分析，可以知道当前哪类载体的科普信息量较多。

研究对6份样本中不同载体的新闻量进行统计，以不同形态载体在7类载体中新闻量占比情况作为对比参数，对不同载体信息量情况进行统计分析，从而了解科普舆情信息的主要阵地（表3-2）。

表3-2 不同载体舆情热度对比（新闻量占比/%）

样本序号 载　体	1	3	5	7	9	11
新闻	38	41	43	41	42	37
博客	7	6	7	9	10	19
论坛	17	17	17	16	17	19
APP新闻	3	3	3	4	4	4
微信	17	15	15	15	10	10
纸媒	4	5	5	5	5	4
微博	14	13	10	9	10	7

从这组数据中可以看出，不同类别平台新闻获取量在总量占比中呈现比较平稳的态势。综合来看，网络新闻、论坛、微信这三个平台分别排名前三位；APP新闻平台和纸媒平台列最后两位；博客和微博的新闻获取量则保持在一个

大致相当的浮动范围，比较来说，微博比博客的信息量略占优势。

二、同类载体舆情热度对比

为了了解同类载体中表现比较突出（排名前三位）的佼佼者，从而确定舆情聚集的重点媒介，做了这一对比排名。排名主要分析同类载体舆情热度排名前三位的媒介，这一排名可以为科普传播工作提供目标聚焦点，在信息投放时可以确定舆情关注的优先选项有的放矢，不至于在众多同类型媒介中眼花缭乱。

通过综合数据可以看出，最受欢迎的新闻类网站平台是搜狐新闻，最受欢迎的博客平台是新浪博客，最受欢迎的论坛平台是百度贴吧，最受欢迎的新闻APP是Zaker，最受欢迎的纸媒是《南方日报》，最受欢迎的微博是新浪微博（表3-3）。

表3-3 同类载体舆情热度对比（排名前三位）

载体 \ 样本序号	1	3	5	7	9	11
新闻	搜狐	搜狐	搜狐	搜狐	搜狐	搜狐
	网易新闻	潍坊新闻网	光明网	光明网	中国网	中国网
	光明网	光明网	中国网	中国网	光明网	光明网
博客	新浪博客	新浪博客	新浪博客	新浪博客	新浪博客	新浪博客
	天涯博客	天涯博客	天涯博客	天涯博客	天涯博客	天涯博客
	和讯博客	和讯博客	和讯博客	和讯博客	和讯博客	和讯博客
论坛	百度贴吧	百度贴吧	百度贴吧	百度贴吧	百度贴吧	百度贴吧
	网易论坛	万户论坛	万户论坛	网易论坛	温商社区	青青岛社区
	天涯	网易论坛	网易论坛	东方财富网	青青岛社区	网易论坛
APP新闻	Zaker新闻	Zaker新闻	Zaker新闻	Zaker新闻	百度新闻	百度新闻
	搜狐新闻	人民新闻	中国经济网	百度新闻	Zaker新闻	Zaker新闻
	人民新闻	搜狐新闻	搜狐新闻	人民日报	搜狐新闻	搜狐新闻

续表

载体 \ 样本序号	1	3	5	7	9	11
微信	—	—	—	—	—	—
纸媒	《南方日报》	《南方日报》	《南方日报》	《南方日报》	《山西商报》	《山西商报》
	《金华晚报》	《中国环境报》	《中国环境报》	《山西商报》	《南方都市报》	《南方日报》
	《山西农民报》	《人民日报》	《深圳特区报》	《深圳特区报》	《南方日报》	《南方都市报》
微博	新浪微博	新浪微博	新浪微博	新浪微博	新浪微博	新浪微博
	腾讯微博	腾讯微博	新浪长微博	腾讯微博	和讯博客	和讯博客
	新浪长微博	新浪长微博	腾讯微博	和讯博客	腾讯微博	腾讯微博

以下是详细数据表：

（1）论坛：从该数据中可以看到，百度贴吧在6期抽样中稳定排在第一位，可以看出百度贴吧在用户中受到极大欢迎；网易论坛则在这6期抽样中，5次排名前三位，综合排名仅次于百度贴吧，位列第二位。其他如万户论坛和青青岛社区也在前三名的序列中时有出现，可以看出这两个平台在论坛用户中也有一定的吸引力。

（2）博客：在该载体类别的6期抽样中，新浪博客、天涯博客、和讯博客这三个平台以稳定的排名位列第一、第二、第三位。

（3）网络新闻：在网络新闻平台中，搜狐新闻以绝对优势在6期样本中连续排名第一位，可以看出它是最主要的信息获取平台；光明网则在6期抽样中连续6期排名前三位，可以看出它是排名第二位的网络新闻来源平台；中国网则以在6期中占据4期的成绩在本平台中排名第三位。

（4）纸媒：在纸媒类载体中，《南方日报》在6期样本的前三位中均有出现，并位列4期样本的第一位，可以看出在纸媒中具有很强的辐射力，是纸媒载体中排名第一位的来源；《山西商报》在 6 期样本中 3 次排名在前三位，综合排名第二位，有些出人意料；其他如《中国环境报》《南方都市报》《深圳特区报》分别有两次出现在本次前三名的排名中，可以看出这几个媒体也是纸媒信息比较重要的信息获取平台。

（5）新闻 APP：在 6 期抽样中，Zaker 新闻每期都在前三位的排名中，其中四次排名第一，可以看出在新闻 APP 中，Zaker 新闻综合排名第一位；搜狐新闻则在 5 期抽样的前三名中都有出现，综合排名第二位；百度新闻则以 3 期入选前三名的成绩位列新闻 APP 的第三名。

（6）微博：新浪微博以绝对优势占据 6 期抽样的第一位，是信息获取排名第一位的微博平台；腾讯微博在连续 6 期抽样中排名前三，综合排名位列微博平台的第二位；和讯博客和新浪长微博在 6 期抽样中分别在前三位中出现三次，可以看到这两个平台的排名仅次于新浪微博和腾讯微博。

三、科普专题舆情热度对比

为了更有针对性地对科普领域信息进行监测，网络科普舆情研究对科普领域信息进行了专题划分，具体分为应急避险、食品安全、生态环境、前沿科技、健康医疗、能源利用、事故、信息通信技术、航空航天、伪科学等多项类别。每类专题中包括众多关键词，关键词采用迭代更新机制，根据热点焦点科普内容，定期进行新词增加和补充。舆情监测系统通过专题名称及关键词可以实现对科普信息的即时抓取，抓取的信息会自动归类在各自的专题中形成信息总量。

在众多科普专题中，有一些专题的信息量相对来说比较大，另外一些专题的信息量则相对比较少。通过科普专题舆情热度进行对比，可以更多地了解信息量较多的专题领域，通常这些领域和公众相关度更大，可以为科普工作提供借鉴视角。

研究分别把 6 份样本中排名前三位的科普专题进行提取排列，形成表 3-4，可以看到排名具有一定的规律性，也可以看出信息量较大的科普专题。

表 3-4　科普专题舆情热度对比（排名前三位）

样本 排名	1	3	5	7	9	11
1	健康医疗	健康医疗	健康医疗	健康医疗	健康医疗	健康医疗
2	事故	生态环境	生态环境	生态环境	生态环境	生态环境
3	生态环境	事故	事故	信息通信技术	事故	信息通信技术

通过 6 份样本排名前三位的科普专题排名可以看到，健康医疗类信息始终位列第一位，生态环境则以极大优势排在第二位，事故类科普专题排名第三位，信息通信技术专题在不同的周报中也偶有出现。综合来看，排名前三位的专题都是和公众生活密切相关的领域。

四、舆情热度趋势图分析

本次舆情热度趋势图主要从舆情监测系统数据平台出发，对每日、每周、每月的舆情趋势图进行分析，得出三个不同时间周期的舆情特点如下：

从每日舆情数据分布来看，每天上午 9 点左右和下午 3 点左右是两个比较明显的高点。从每周舆情数据来看，工作日和周末之间的信息量区别非常明显，工作日尤其是每周三、周四通常是信息量的高峰，周六、周日两天则处于较为明显的低谷状态。从每月舆情数据来看，每周之间形成比较规律的波峰波谷线，这从侧面印证了每周舆情数据"工作日＞周末"的特点。以上这些舆情特点可以为科普系统工作者及媒体工作者提供参考，挑选合适的时机来进行信息发布。

（一）每日舆情热度走势

每日舆情热度趋势图选取 6 份样本的每周三数据进行分析。从信息载体 24 小时的舆情热度分布来看，从凌晨 4 点到上午 9 点呈现信息逐渐上升的态势，9 点到达峰顶之后到中午 12 点之间呈现逐渐下行趋势，12 点到达波谷，后又逐渐呈现上升趋势，直到下午 3 点出现又一轮小的波峰，下午 3 点后直到下午

6点呈现逐渐回落趋势，下午6点至晚间呈现明显低线走势。由此可见，人们发布和接触信息的两个高峰时段分别是上午9点左右和下午3点左右（图3-2）。

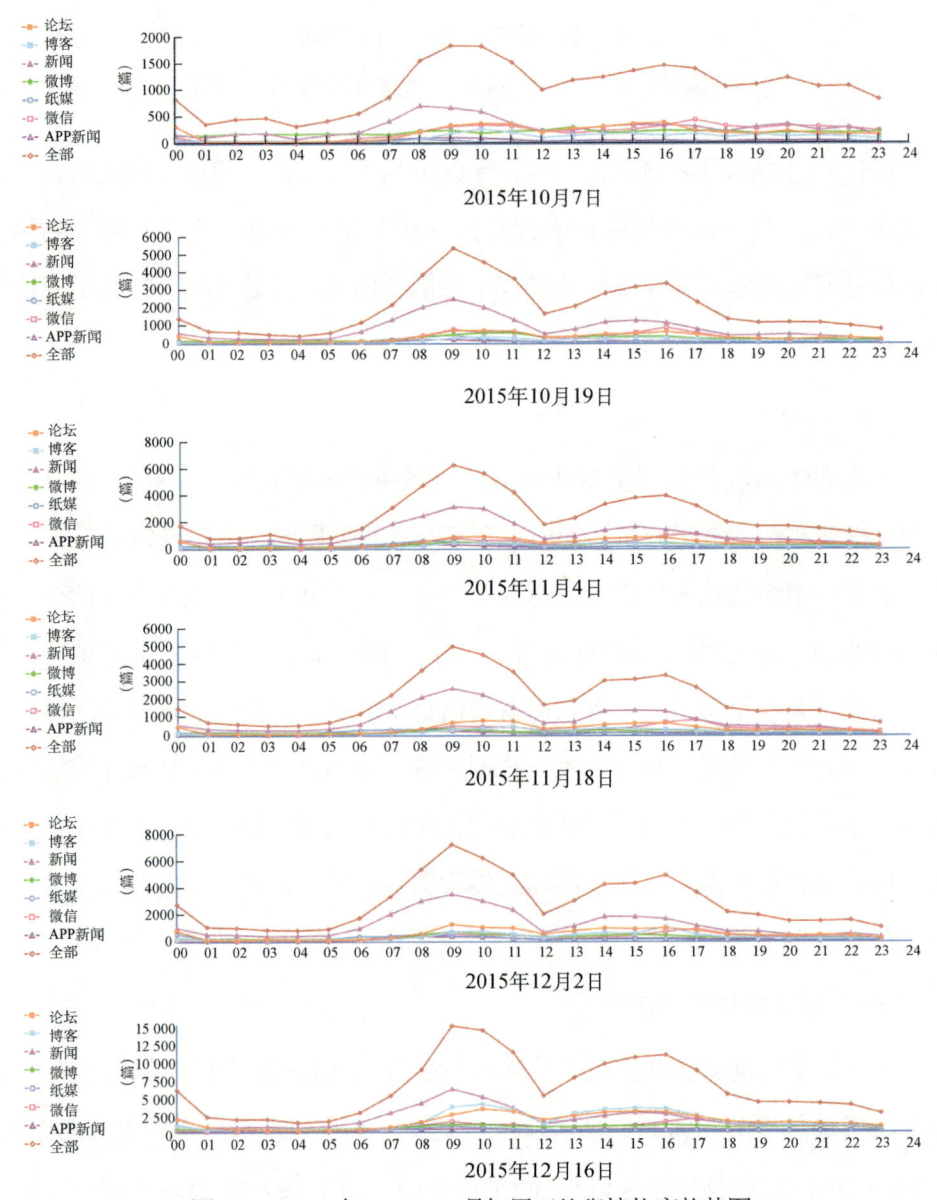

图3-2　2015年10～12月每周三的舆情热度趋势图

（二）每周舆情热度走势

以下是本次选取的 6 份样本的每周舆情热度趋势图（图 3-3）。样本 1 的周一至周三都在国庆节假期，信息量相对少，10 月 8 日上班后信息呈现大幅上扬，在之后连续上班的三天保持明显高位态势。其他 5 份样本则大体保持了类似的热度趋势：从周一开始，信息量呈现逐渐上升趋势，到周四通常会形成信息总量的小高峰，然后呈现逐渐下降趋势，但是周五通常仍然会保持略低于周四的信息量，周六和周日的信息量下降比较明显，周日通常会降到一周的最低点，到了周一，信息量又会呈现比较明显的上扬趋势。

以下是样本图示：

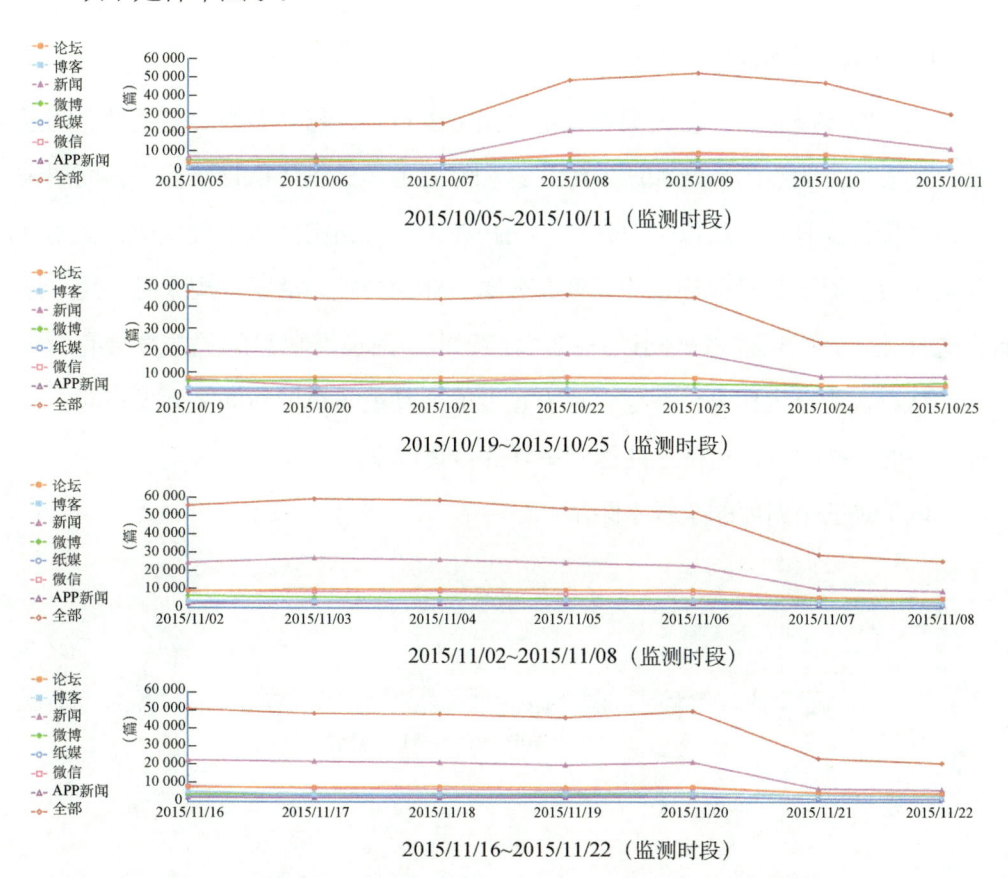

2015/10/05~2015/10/11（监测时段）

2015/10/19~2015/10/25（监测时段）

2015/11/02~2015/11/08（监测时段）

2015/11/16~2015/11/22（监测时段）

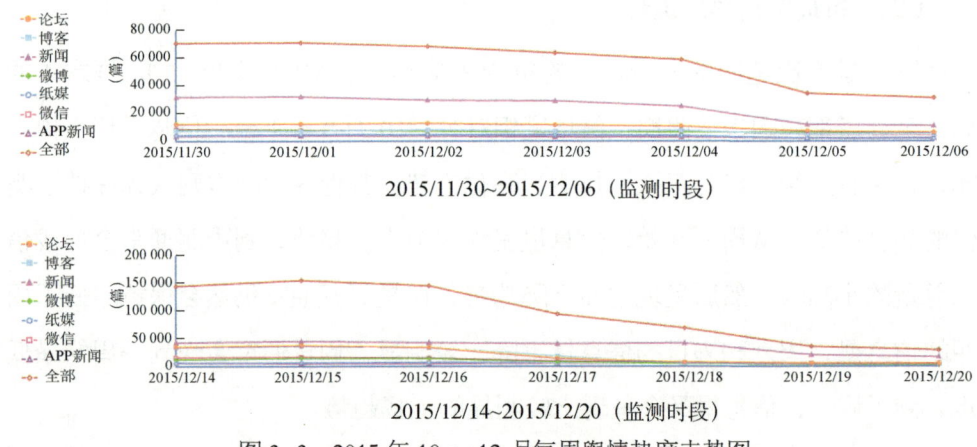

图 3-3　2015 年 10～12 月每周舆情热度走势图

（三）每月舆情热度走势

从全部传播载体月度舆情热度走势图可以看到，每个月的四个星期之间通常会形成较为明显的波峰和波谷线，这和每周工作日舆情信息量偏多，而周末的信息量偏少有关。从每个月来说，用户在工作日通常生活比较规律，使用互联网比较便捷，对科普信息的阅读、分享、评论会较为活跃；周末时，用户通常选择休息、娱乐或者是阅读一些"轻新闻"，对科普信息的关注度会有所下降。从科普传播工作来说，建议在有重要的活动或是重要新闻需要发布时，选择合适的传播时机，这样才能达到更好的传播效果。

以下是三个月度的全样本图示：

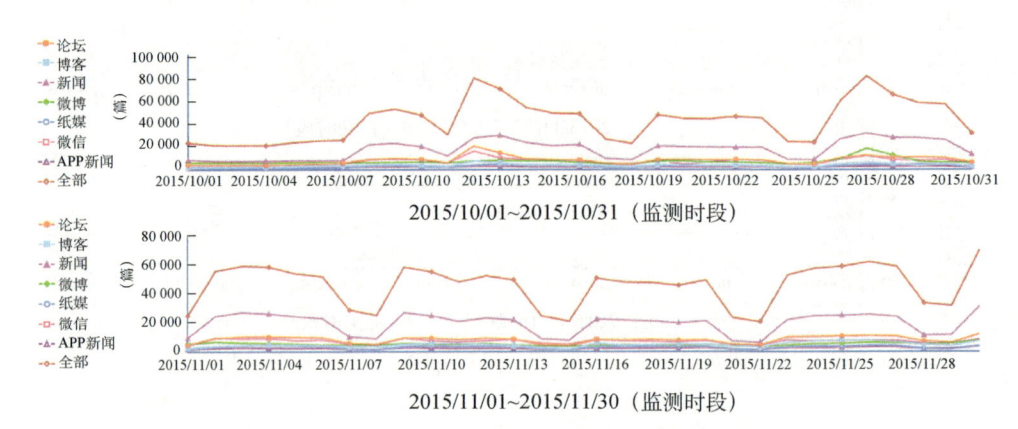

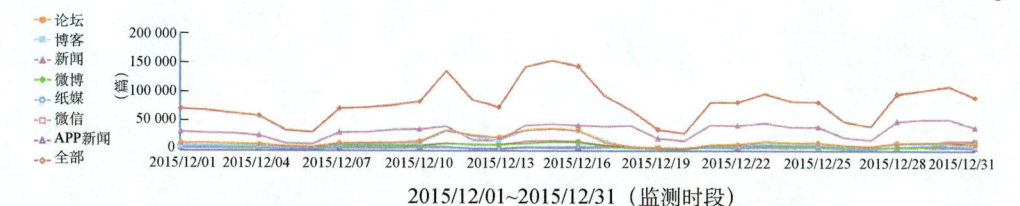

图 3-4　2015 年 10～12 月月度舆情热度走势图

第四章 深入运用信息传播技术开展科普信息化建设

数/说/科/普/需/求/侧

随着互联网的深入发展，越来越多的标准社会功能和相应制度，例如商业、教育和传播，在互联网上被完整和深入地复制或重新定义。信息传播技术（ICT）创造了丰富的信息形态和传播途径，信息消费日趋多元而个性化。社交媒体和自媒体重塑了社会传播的结构，内容源的数量激增，媒介被高度细分，大量信息以去中心化的方式传播。新的技术和媒介建构了区别于传统社会的关系和行为，极大拓展了科普人群的活动空间。

在这个新型空间里，传统科普通常使用的一些概念及其运作，例如载体、资源和渠道，变得有些模糊、抽象或不再适用。新形势下的科普服务迫切需要一种深刻的转型，将视角转向那些更加直观、便于观察和操作的新事物。科普信息化必将完成这样的视角转向，在广泛应用新的技术和媒介提升服务水平的同时，还原联络着科普服务与社会信息化机能的技术拼图，为科普事业与这个新型空间的协同发展建立规则和文化的连接。这不仅意味着将技术应用于现有的科普产品和服务，或利用技术来创造新的科普服务形态，还意味着通过科普服务提供与信息化相关的技术、知识、内容和平台方面的支撑，令科普信息化成为驱动社会信息化的动因之一。

第一节　科普信息化的时代语境

科普信息化不是一个突然发生的事物，它与社会的信息化同根同源。信息的数量激增，信息类型更加多元，信息传播更为便捷。在信息的另一端，由于媒介的丰富，信息消费行为变得碎片化，传播规则更为复杂。人们有了随意接触更多信息的机会，又因为过多的选择而在信息消费上愈加"吝啬"。对于科普服务而言，信息化意味着海量的信息、多样的途径、复杂的行为和挑剔的用户。因此，在"普什么"和"怎么普"的问题上，社会的信息化向科普服务提出了意味深远的挑战，构建了科普信息化必须要面对的时代语境。

一、新媒体平台拓展了网民的活动空间

一般而言，人群的活动空间具备三种含义：信息流动的空间、人群聚集的空间、社会行为的空间。随着互联网的发展，网站、论坛、博客等网络平台大量涌现，新的传播方式和社交规则层出不穷，强烈刺激了各类信息的高速流动，并分化出图文、视频、动漫等内容平台。大量网民活跃在各类门户、论坛等传统网站以及QQ、博客、微博、微信等社交平台上，因为不同的兴趣和偏好聚集起来，产生了风格各异的社会行为，并逐渐发展为不同类型的社群。在当今的互联网上，用户社群已经取代传统互联网门户，成为近7亿中国网民最重要、最活跃的活动空间。互联网人群在新媒体平台上的社群化代表了信息传播技术引导下的社会转型，喻示了媒体制度、社会结构和个体行为的转变，进而深刻改变了信息生产和传播的基本模式。网民的社群化与互联网社交平台的发展紧密相关。根据每个阶段的重要媒体类型以及网民的聚集行为，网民社群化大致经历了门户、博客、社交媒体和自媒体四个发展阶段。

（一）门户时期

网民社群化的第一个阶段开始于门户时期，这个时期的互联网信息主要由门户网站和论坛提供，每个网站提供面向所有用户的信息，拥有自己的用户群，但并未对用户进行细分。这个时期的网民主要由大量匿名冲浪者组成，网

民的聚集是松散而陌生的，聚集的动因主要是对特定网站及其内容的偏好，社会行为也并不复杂，主要表现为对同一类信息的关注。

（二）博客时期

网民社群化的第二个阶段开始于博客时期，这个时期的互联网增加了博客这种强调私人创作的媒体。博客推行用户注册和内容转载制度，鼓励个人发表原创内容，并通过原创内容传播来增加作者（博主）名气。在博客平台上，反映个体兴趣和情感的内容大量涌现，为冲浪行为注入了更多的个性化元素，逐渐在博主与关注者之间建立情感联系，催生出区别于匿名冲浪的陌生人社交行为，例如评论、转发和关注，并衍生出"作者－读者"关系，这种社会关系后来被微博这类社交媒体进一步确立为"名人－粉丝"关系。在博客平台上，除了信息之外，原创者本人也成为吸引人群聚集的重要因素，这是日后自媒体崛起的重要文化动因。

（三）社交媒体时期

网民社群化的第三个阶段开始于社交媒体时期。这一时期的代表性媒体是微博和微信。微博作为博客制度的延续，降低了普通用户的创作门槛（字数不超过140字），同时鼓励私人互动和名人文化。博客时期的新型社交得以保留，并且被算法规则量化的发文数、粉丝数、排行榜等用户指标制度所激励。相对于博客，微博上的私人互动更为频繁，社交身份更加真实，情感联系更加紧密。自2009年微博推行实名制以来，微博的活跃用户群体逐渐脱离了陌生人社交的状态，朝着熟人社会演进。稍后期的微信平台回避了微博的名人文化策略，更强调即时互动和熟人社交（朋友圈），信息传播延续了群传播模式，增加了朋友圈分享。用户指标则更为简单直接，以单条信息的转发次数来表征人气。相对于微博转发，朋友圈分享制度强化了用户对内容的选择性。

社交媒体的出现提升了人际传播在互联网传播中的地位，加速了互联网传播的去中心化趋势。以微博和微信为代表的社交传播消解了信息源头的绝对权威，让普通网民成为直接影响信息传播的一股重要势力。这种影响力反映了普通网民对信息内容的高选择性，意味着信息生产必须以用户而非作者的喜好为第一原则。由于用户对众多好友分享内容的依赖，互联网创作呈现短平快趋势，阅读和传播行为也变得越来越碎片化。

（四）自媒体时期

网民社群化的第四个阶段开始于自媒体时期。自媒体的前身在博客时期就已出现，在个人博客上撰写和发布内容的作者就是第一代自媒体。另外，奇点、优酷等内容平台很早就开始鼓励用户发布原创内容（UGC）。然而，自媒体时期的真正到来是在社交媒体出现之后。通过被广泛推行的账号订阅制度，自媒体以合作账号的方式进入社交媒体平台，成为平台内容生产的主要推手，其自身的运营和管理也变得更为正式和制度化。

自媒体继承了前面三个时期的典型特征，网民的聚集表现出圈层化特点。圈层化主要源自三种动因：以话题为中心（兴趣圈），以名人（大V）为中心（粉丝圈），以社群为中心（活动圈）。自媒体同时提供了话题性、名人作者和互动空间，因此能够一跃成为互联网中强大的新鲜势力。相对于较早的社交媒体，自媒体将网民的注意力从私人社交拉回对内容和原创者的关注，强调以内容连接用户群，更加重视通过内容运营来塑造和维护整个社群的共同志趣和文化。

自媒体形态也突破了传统的图文方式，转向更加丰富多元的富媒体形式，出现了依附于社交媒体以及各类移动平台的自媒体频道或播客。通过跨平台的内容运营，这些自媒体摆脱了对单一平台的依赖，其传播影响力超越了特定媒介，形成了以社群文化为中心、跨平台、跨媒介的内容社区。社交平台上蓬勃发展的自媒体再次改变了信息传播的结构，在社交传播的源头添加了鲜明的社群文化烙印。同时，自媒体的崛起也宣告了原创内容源在传播链条中的主权回归。

二、互联网发展推动传播语境转变

信息过载已成为当代传播语境的重要特征。根据香农的信息论[①]，"信息的

[①] Shannon C E. 2001.A mathematical theory of communication. ACM SIGMOBILE Mobile Computing and Communications Review, 5(1): 3-55.

和互动。作为对信息化语境的适应性转变，科普信息化发生于科普服务的三个层面：一是载体形态的信息化，反映了内容的高密度、多感官和沉浸式发展趋势；二是需求场景的信息化，反映了传播的泛在、主动和适需的发展趋势；三是参与机制的信息化，反映了交流的互动、共享和差异化的发展趋势。要适应科普信息化面临的时代语境，需要审视信息化作为引领时代发展的"纲领性符号"的确实含义，从信息和技术的角度解读其中蕴含的社会和文化特征，将科普服务的视角和科学传播的重心从载体、渠道、需求、参与等现实对象，转向内容、媒介、行为、关系等虚拟对象。

（一）科普信息化进路之一：从载体形态转向认知媒介

科普载体是指携带科普信息的媒介和物质基础。传统的科普载体包括图书、挂图、展品或其他形态。随着信息传播技术的发展，逐渐出现了数字化的图文、影音、动漫、游戏和数字展品等更为丰富的内容。与传统科普载体相比，新型载体具备容纳高密度信息的能力，在信息阅读方式上突破了单一感官的调动，强调视觉、听觉、触觉等多种感官的使用，通过跨媒体叙事、情境渲染和交互体验，设计有助于沉浸式体验和参与的环境。其中，数字化技术用于制作高密度和便于传播的内容，可视化技术用于提供多感官的综合体验，虚拟化技术则用于创造身临其境和更加专注的信息接收环境。

随着信息生产、加工、存储和传播技术的发展，高密度信息的大量传播超出了普通人能够有效接收、处理或利用的能力范围，"信息过载"成为有效传播信息的一大瓶颈，也在文化层面影响了信息消费行为。为了便于专注和快速理解，多感官和沉浸式内容大量涌现，人们偏好那些表达简明而集成度高的信息，习惯通过多种媒介来形成理解和认知，并且依赖更多的环境信息对正在发生的事物进行解读。

从社会层面解析，在对大量高密度信息进行优先选择时，人们更倾向于那些充分携带了语境提示的信息，在有限的阅读时间下，高语境、低编码的信息更受青睐，理解信息所需要的语境更多地借助高效的互动和交流而内化于物质实体或人。忙碌的信息消费者养成了挑剔的眼光，阅读的乐趣不再只是获取有用的信息和智力的享受，人们更在乎能否从阅读中获得全面的舒适感，例如便捷的操作、活跃的文字、精致的图片、深谙所需的提示、赏心悦目的排版、被尊重的感觉，等等。读者的体验超过了信息的效用，成为左右阅读选择的第一原则。

（二）科普信息化进路之二：从需求场景转向行为模式

科普需求场景是指科普服务发生的场合和情境，例如时间、地点、途径、条件、动因等，这里的科普服务泛指对携带科普信息的各类载体的使用和体验。从信息本身的特点来看，科普需求场景的信息化主要表现为信息服务更为泛在、主动和适需。

互联网、物联网和智能终端技术的普及使围绕信息的服务和消费无处不在，移动化和跨媒介技术促使信息服务方式从"人找信息"向"信息找人"转变。作为对信息过载的适应和优化，推荐和优先展示那些适合用户需求、更有可能被接受的内容成为争夺用户的不二法门，其中基于大量数据的云计算、数据挖掘等智能化技术在内容推荐中起到了关键作用。

如果说泛在和主动的服务加剧了信息过载的趋势，那么，锁定用户及其需求的智能化技术则将用户从浩如烟海的信息丛林中解救出来，并且为用户个体赋予了一定的自我发现和元认知能力。于是，在"选择恐惧"和"随心所欲"的认知冲突中，信息服务和交互形成了独特的开放与保守并存的阅读文化。人们有了接触更多新鲜信息的机会，却在选择陌生或不常用的媒介时更为谨慎。

从社会角度观察，针对用户的分类需求开发的资讯、社交、游戏等垂直应用，以及按照用户年龄、职业、文化族群等开发的细分应用，一方面构建了多元信息和社交网络，另一方面则悄然固化了用户对信息的分类和对媒介的依赖。媒介被高度细分，导致信息消费行为碎片化。

（三）科普信息化进路之三：从参与机制转向关系网络

科普参与机制是指科普受众在特定场景下使用科普服务时，与其阅读、浏

数说科普需求侧

科普信息化的技术视角意味着用一种全新的眼光来解读科普信息的传播过程。互联网从根本上改变了我们对于"载体""需求""参与"等常见概念的理解。一方面，技术导致了媒介的极大丰富，渠道无处不在，信息唾手可得；另一方面，需求变得更为隐晦和个性化，因碎片化的行为而充满变数。这使得传播策略更加注重对用户的追逐，意味着传播的重心后移。确切地说，载体、需求和参与被信息传播技术重构为围绕用户的一系列媒介、行为和关系，传播的焦点落在内容与用户的有效交互，科普的功能实现决定于用户在传播中的实际角色，决定于科普的意图能否内化为用户的行为意图。

因此，对于科普信息化而言，通过图4-1中所示的三种技术进路来建构通往用户"心头、眼前、身边和指尖"的"行动伴侣"，是科普服务落地的关键。这意味着利用各类信息传播技术，制作面向用户体验的更具魅力的媒介，把握用户固有行为中的潜在机会；培育更多的科普核心用户，建立更活跃的科普社区；以及适应互联网的社交传播规则，让科普的社区文化扎根于用户的关系网络。

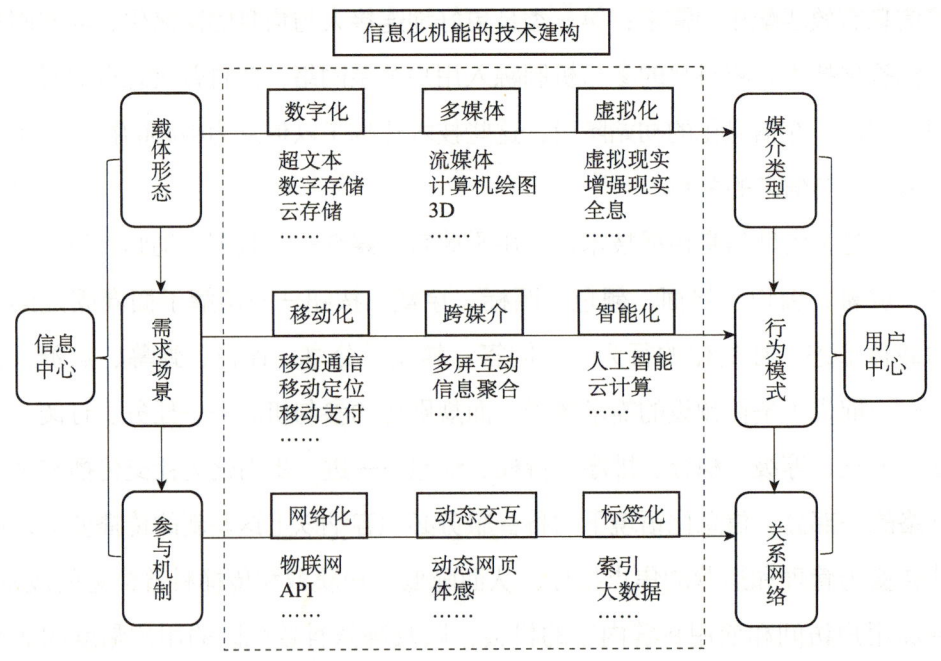

图4-1 科普信息化的技术进路——从"信息中心"到"用户中心"的转向

从信息化的发展趋势来看，以虚拟现实、云计算、大数据、机器学习为代表的虚拟化、智能化和标签化技术的应用将越来越重要，因为它们可以基于个人的行为数据，实现针对个体需求的个性化服务。个性化的服务减轻了用户的信息负担，在服务与用户之间建立起更为紧密的联系，有助于落实传播意图和服务效果。这反映了信息化社会的一个重要转向：使每个人从源于信息过载的碎片化行为中解脱出来，接受更集约的信息和更精准的服务，从以信息为中心的社会回归到以人为中心的社会。

第三节 从监测到管理：用数据决策

信息过载对互联网时代的内容传播造成了冲击，科普信息化也要面对同样的问题。作为碎片化传播的重要"技术遗产"，用户数据是一类宝贵的资源。在科普服务中，应该充分利用技术留下的暗示，将用户数据视为重要的管理凭据，借助科普行为数据来分析和重现新型科普受众的人群结构、兴趣偏好和行为习惯，为面向细分受众的个性化服务和内容推荐提供决策依据。这意味着两个重要的应用方向：一是以用户识别和需求挖掘为目标的科普行为监测；二是以连接服务与用户为目标的数据化管理和运营。

一、将信息传播技术应用于科普行为监测

科普行为监测的目标是围绕科普相关内容的创作、浏览、转发、评论等行为，开展基于大量用户数据的监测和分析，揭示信息化语境下的科普人群的身份属性、内容偏好和传播习惯。这些由用户数据反映的行为特征具有两方面的意义。首先，这些特征描述了用户的行为档案，可用来定位内容服务的机能缺失，为传播策略优化提供清晰的目标。例如，了解用户的平台分布、终端选择、话题偏好、表达风格等。其次，这些特征延伸出一整套管理指标，可用来动态地标记和展示内容与用户的连接以及在关系网络中的传播情况。例如，标记用户的兴趣、群组、终端以及内容主题、形态、风格，进行信息聚类、提供查询服务等。

接状态。

用户的兴趣偏好和媒介依赖容易被明确标记。相对而言，用户的行为习惯可能因碎片化而难以辨识，需要借助标签之外的更多数据来寻找线索。这些数据有些来自于科普内容的某种属性，例如篇幅、时长等，有些则来自科普内容的访问记录，例如访问时间、阅读时长等。基于这些考虑，选择一定数量的相似用户，根据相似内容的访问时间，建立按时排序的访问档案，是一种探索用户行为规律的有效方式。

总之，网民科普行为监测有助于深入理解科普用户的兴趣偏好和媒介使用习惯，了解其身份特征和社群化特点，挖掘特定人群的科普行为规律，从而为更为集约、适需、高效的科普信息化服务奠定数据实证基础。这类监测需要积累大量用户数据，综合运用各类大数据分析技术，其中的标签化和智能化技术应用尤为关键。近年来，随着大数据技术的发展和日益普及，许多服务方已将用户行为数据作为重要的战略资源，通过用户行为监测来对其日常管理和运营策略进行优化。结合互联网平台运营方常用的用户数据架构，表4-3给出了一个可用于科普用户行为监测的数据表。

表4-3 网民科普行为监测数据表（示例）

数据维度	行为特征	评估指标
基础属性	1. 人口属性：性别、年龄、省份/城市、学历、收入 2. 用户的移动设备属性：手机品牌/型号/价位/操作系统	科普用户数/占比、TGI指数（与整体活跃用户对比）
移动APP类型	用户安装的APP类型分布（社交、视频、娱乐、工具等）	用户数/占比
视频内容特征	1. 视频元数据：标题、简介、时长 2. 频道属类 3. 科普属类 4. 包含关键词	是否属于科普视频：1/0 科普视频数/占比 特定科普主题视频数/占比 关键词词频/占比

续表

数据维度	行为特征	评估指标
视频观看习惯	1. 终端：PC端、移动端收看量 2. 频道：不同频道收看量数据 3. 节目：不同栏目收看量数据 4. 时间：分频道全天分时收看量数据、分天收看量 5. 移动端浏览环境：移动网络、离线、Wi-Fi用户占比 6. 分享量：对应视频的分享渠道及分享量 7. 评论量（文字、点赞、收藏等）	视频浏览的UV、VV
文本内容特征	1. 文本元数据：标题、作者、来源、发布日期、长度 2. 频道属类 3. 科普属类 4. 包含关键词	是否属于科普文本：1/0 科普文本数/占比 科普主题数/占比 关键词词频/占比
文本浏览习惯	1. 频道：不同频道浏览量数据 2. 时间：分频道全天分时收看量数据、分天浏览量数据	网页浏览的UV、VV
APP使用习惯	1. 终端：不同设备浏览量数据 2. 频道：不同频道的访问量数据 3. 时间：分频道全天分时收看量数据、分天收看量数据 4. 移动端浏览环境：移动网络、离线、Wi-Fi用户占比 5. 分享量：对应文章的分享渠道及分享量	网页浏览的UV、VV
群数据	用户加入的群类别	是否属于科普类QQ群 不同主题QQ群的用户数/占比
群内容特征	1. 元数据：标题、日期、来源 2. 定位（综合/专题） 3. 科普属类 4. 包含关键词	特定科普主题推文数/占比 关键词词频/占比
公号数据	1. 用户关注的公众号类别 2. 单条发文阅读量、转发量、点赞数、	是否属于科普类微信号：1/0 不同主题公众号的用户数/占比
公号内容特征	1. 元数据：标题、日期、来源 2. 定位（综合/专题） 3. 科普属类 4. 包含关键词	特定科普主题推文数/占比 关键词词频/占比

续表

数据维度	行为特征	评估指标
游戏偏好	1. 游戏的用户量 2. 有哪些人使用科普游戏产品	用户数／占比

二、将科普行为数据应用于内容服务与用户管理

科普服务的根本目的在于通过科学传播对公众施加影响。从管理运营的角度说，科普信息化的目标应定位于利用信息传播技术来建构更好的服务机能，包括制作易用的媒介，熟悉用户的行为，以及将科普内容渗入用户网络。这些机能的实现最终指向科普内容与用户的紧密连接。科普用户的行为数据中保留了这样的连接证据，能够为面向用户体验的科普信息化服务提供更多的线索，用来识别和激励其中的活跃用户，通过关系网络将众多活跃用户联结起来，围绕这些用户开展更具组织性和更加深入的内容传播。

（一）个性化内容推荐

用户与内容的连接起始于用户对内容的潜在兴趣或偏好，这些信息隐藏在用户的行为数据中，通常是与用户 ID（账号）相关的一些内容访问记录。利用预设的行为定义（这些定义需要相应的服务机能实现，例如浏览、转发、订阅等），这些数据可以用来分析并标记用户与内容的连接关系，从而揭示出用户的兴趣或偏好，进而实现个性化的内容推荐。

内容推荐的目的是连接用户的兴趣和内容。在互联网内容服务中，存在三种流行的内容推荐机制。第一种是基于用户感兴趣（频繁访问）的内容，为其推荐与之相似的内容，需要用到特定的内容相似度算法；第二种是针对可能与已知用户有相似兴趣（角色或行为相似）的潜在用户，为其推荐已知用户感兴趣的内容，需要用到特定的用户相似度算法；第三种是通过一些特征来连接用户与内容，寻找这些特征的交集，将相关内容推荐给用户。这里的特征可以由用户行为监测所使用的内容和用户标签来表征，但不限于科普类标签，也可以

包括其他属性，例如作者、人物、事件、题材、活动等。更一般地说，这些特征需要通过更复杂的语义分析技术获得。

在实际的内容推荐中，可能需要综合使用以上三种推荐机制。大体而言，由于科普服务旨在影响受众的认知结构，因此基于特征（标签）的方法最为重要。通过标签推荐方法，在内容传播中逐步建立结构化和层次化的标签体系，将其运用于科普内容的有序组织、生产和传播协作，可以实现科学传播议程的引导，更好地落实科学传播的意图。用户标签还兼具身份识别的功能，可以为互联网科普社区的建设和维护建立基础。因此，如何利用标签数据来提升科普个性化服务质量，是科普信息化服务要解决的重点技术问题。

标签的产生一般有两种机制。一种是内容源标签，由原创者或管理者给定，另一种是UGC标签，由用户给定。在传播的意义上，内容源标签反映了服务方的认知视角，体现了传播主体的控制意图；UGC标签反映了用户的认知视角，体现了传播客体的行为意图。因此，UGC标签对于科普内容服务有特殊的意义。

（二）内容－用户社区

从互联网内容服务的发展趋势来看，建立在全媒体云平台上的内容－用户社区是可持续运营的核心目标。这样的服务形态有利于提升内容源的传播控制能力，激励优质内容的生产，对碎片化行为进行有序引导，将用户个体的科普行为转化为有组织的科学传播行动，利用社区内的用户关系网络建立具有共同志趣和文化的科普阵地。建立这样的内容－用户社区需要一些必要的服务机能，以实现内容云服务的个性化、跨平台和社区特性。这些机能需要相应的信息传播技术来建构，并且要在日常运营中以制度化的方式来维护和完善，例如数据库、用户档案、标签、首页推荐、个性化推荐、动态网页、自然用户界面、应用程序接口，等等。这些技术和服务目前已在内容服务中广泛应用。

近年来，在互联网上涌现出众多社区形态的全媒体内容平台。在科普相关领域，果壳网①和知乎②是其中的典型代表，二者都致力于生产和传播专业内容，同样推行互联网社区的明星用户策略，果壳网侧重于自然科学领域，知乎覆盖的知识范围更广。

从二者的发展过程看，果壳网由科学媒体延伸为科普社区，留有"科学人"和"果壳小组"两种形态；知乎最初则定位于纯粹的知识社区，后来逐渐发展出部分媒体形态，因此二者在运营上有所区别。目前知乎的用户规模已远超果壳网，知名度也后来居上。知乎是一个问答型社区，在2011年1月正式上线，初期实行严格的邀请制和审核制，主要面向精英用户。2013年3月20日，知乎向公众开放注册。截至2015年3月，知乎拥有1700万注册用户，单月独立访问人数接近1亿，累计产生350万个问题，横跨十多万个话题③。Alexa④数据显示（图4-7），知乎已成为全球排名前150、中国排名前40的网站。APPAnnie⑤中国区数据显示（图4-8），过去3年内知乎APP的社交类排名从前20位持续攀升并稳定在前10位，全类别排名从前200位持续攀升并稳定在前50位。

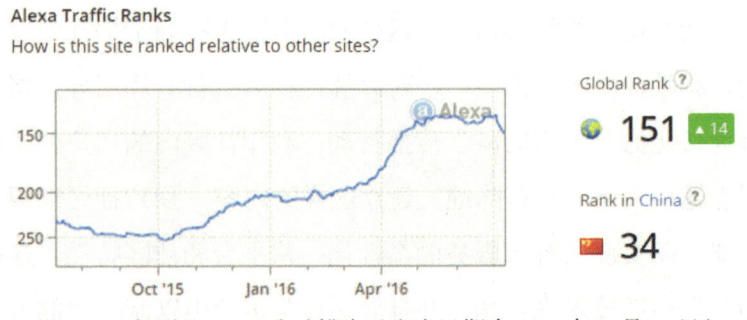

图4-7　知乎的Alexa全球排名（查询日期为2016年7月13日）

① 果壳网的网址：http://www.guokr.com/。
② 知乎的网址：http://www.zhihu.com/。
③ http://tech.ifeng.com/a/20150320/41018550_0.shtml。
④ http://www.alexa.com/。
⑤ https://www.appannie.com。

第四章
深入运用信息传播技术开展科普信息化建设

知乎正在崛起为新一代知识入口。据 Alexa 网站数据，百度和谷歌是知乎最重要的上游网站（Upstream Site），在所有导流到知乎的访问中，分别有 21.5% 和 15.9% 来自百度和谷歌搜索（google.com 和 google.com.hk）。果壳网的百度导流与知乎非常接近（22.0%），谷歌导流则明显更高（18.3%），并且知乎也向果壳网贡献了 4.3% 的导流，仅次于百度和谷歌。

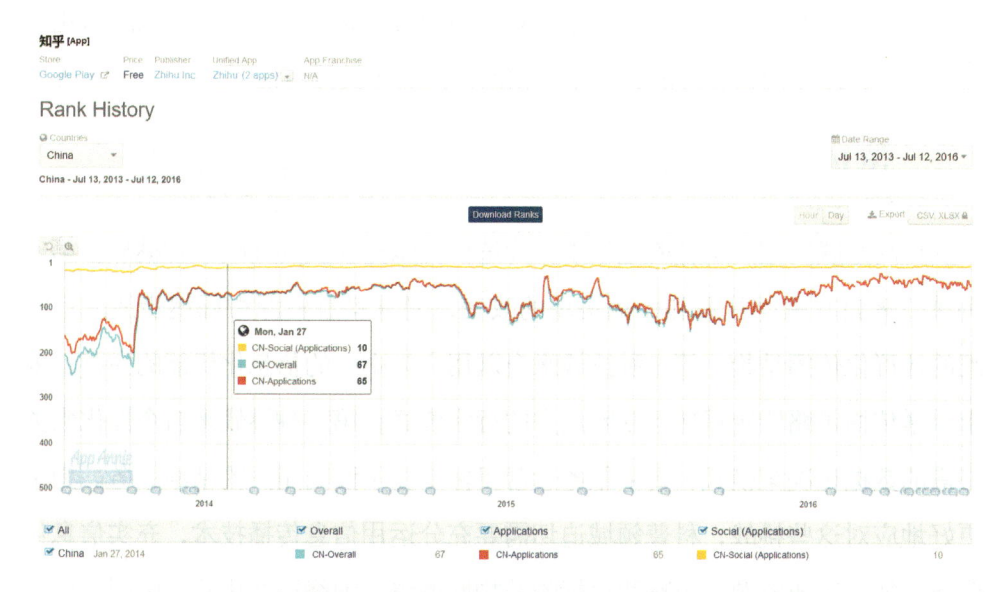

图 4-8　知乎 APP 的 APPAnnie 排名（CN-Social）(查询周期为 2013 年 7 月 13 日～2016 年 7 月 13 日)

图 4-9　知乎的上游网站排名 (查询日期为 2016 年 7 月 13 日)

共服务向基于人工智能技术和数据化决策的精准治理模式转型。2016年发布的《全民科学素质行动计划纲要实施方案（2016—2020年）》[①]明确提出要实施"互联网+科普"行动并建设"科普中国"服务云，《中国科协科普发展规划（2016—2020年）》[②]也将"科普中国"服务云建设列为2016年的科普工作重点之一。

在科普信息化未来的发展中，"云服务"将成为一类非常重要的科普服务形态。科普云的建设和发展有利于全面整合各类科普资源、用户、接口和数据，提供面向全互联网的全媒体、跨平台的内容生产和传播服务。借助于人工智能、大数据、云计算、信息聚合、动态网页等关键技术，科普云可以有效应对互联网传播规则和文化的挑战，在以下方面扮演重要角色。

1. 作为科普资源中心

基于账号认证制度，邀请微信、头条等平台上的自媒体团队入驻科普云。通过信息聚合等技术，从各类科普网站、自媒体和移动APP上获取、整合和索引各类科普资源。

2. 作为科普内容源中心

以合作和授权方式，通过应用程序接口技术，借助自媒体账号的传播资源进行科普内容的二次分发和传播，或者通过云服务提供内容素材，鼓励内容团队进行再创作和深度开发。

3. 作为科普用户中心

基于科普云账号注册或第三方账号授权制度，吸引微信、微博等社交媒体用户成为科普云用户。基于积分、排序等用户指标制度，借助动态网页和应用程序接口技术，鼓励用户原创内容，刺激浏览、评论、分享、转发等社交行为，促进云平台上的科普内容向用户关系网络的深度传播。

[①] 国务院办公厅. 全民科学素质行动计划纲要实施方案（2016—2020年）. 2016-03-18.
[②] 中国科学技术协会. 中国科协科普发展规划（2016—2020年）. 2016-04-06.

4. 作为数据化运营中心

存储来自云平台的科普资源、自媒体和用户的各项数据，借助大数据挖掘技术，建立标签化管理体系，为云平台上的科普用户提供个性化内容和自媒体账号推荐服务，为云平台的内容合作账号提供转发内容和开发素材推荐服务。

附录一 移动互联网网民科普获取和传播行为报告

数 / 说 / 科 / 普 / 需 / 求 / 侧

腾讯公司　中国科普研究所　联合发布
(2015 年 11 月)

研究目的：本研究着力描述移动互联网科普用户的基本特征及其科普信息的获取和传播行为规律，为科普决策提供科学依据，为科普工作者提供导向和建议。

研究方法：本报告观点由腾讯海量用户数据挖掘结合在线调研问卷结果分析整合形成。

数据来源：

1. 腾讯海量用户数据挖掘。根据 2015 年的科普热点研究领域划分的 8 个科普主题及相应关键词，基于腾讯移动端的主要产品（新闻客户端、视频客户端）提取浏览过包含科普关键词内容的移动互联网网民，样本总量为 45 254 918。数据分析平台为腾讯 DMP。

2. 在线调研问卷。由企鹅智酷开展共计 4927 份有效在线调研问卷。

附录一
移动互联网网民科普获取和传播行为报告

一、即将过去的 2015，我们都在关注些什么

健康与医疗、应急避险、气候与环境领域成为近一年移动互联网网民关注的主要三大科普主题板块，关注点多与用户自身生活有强相关性。

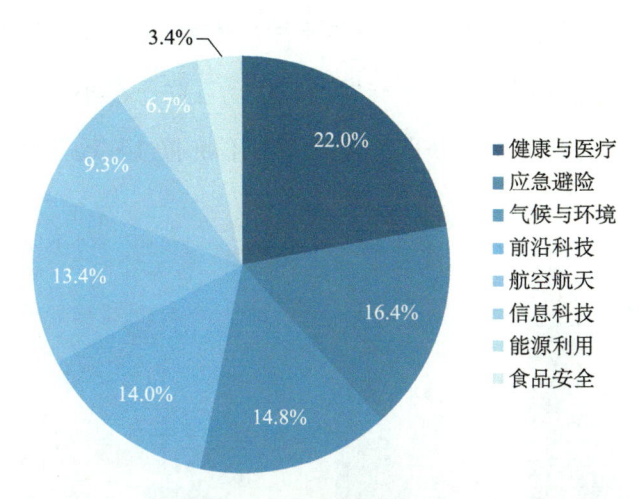

领域	占比
健康与医疗	22.0%
应急避险	16.4%
气候与环境	14.8%
前沿科技	14.0%
航空航天	13.4%
信息科技	9.3%
能源利用	6.7%
食品安全	3.4%

2015 年 1～11 月移动网民科普领域关注度分布（关注人次）

二、2015 科普热点排行榜（TOP 5）

1. 雾霾及其成因（受访者占比：23.9%）

2015 年 2 月，柴静制作的雾霾调查纪录片《穹顶之下》发布，引发社会对雾霾话题的关注。

2. "地球的表哥"被发现（受访者占比：18.5%）

2015 年 7 月 24 日，NASA 发现"另一个地球"Kepler-452b。

3. 天津爆炸成因（受访者占比：17.9%）

2015 年 8 月 12 日，天津滨海新区某危险品仓库发生爆炸。

4. 屠呦呦获诺奖（受访者占比：11.2%）

2015 年 10 月，屠呦呦获得诺贝尔生理或医学奖，成为首获科学类诺奖的中国人。

5. MERS 疫情（受访者占比：10.2%）

2015 年 5 月，韩国发现首例中东呼吸综合征确诊病例。

三、科普内容关注度呈现渠道下沉趋势

从地域分布上看，目前一、二线城市用户依然占据科普内容关注者的最大份额；与腾讯大盘数据对比，不难发现：移动互联正在不断惠及低线城市的科普内容关注者，科普信息获取的需求正在不断通过移动互联网向低线城市渗透。

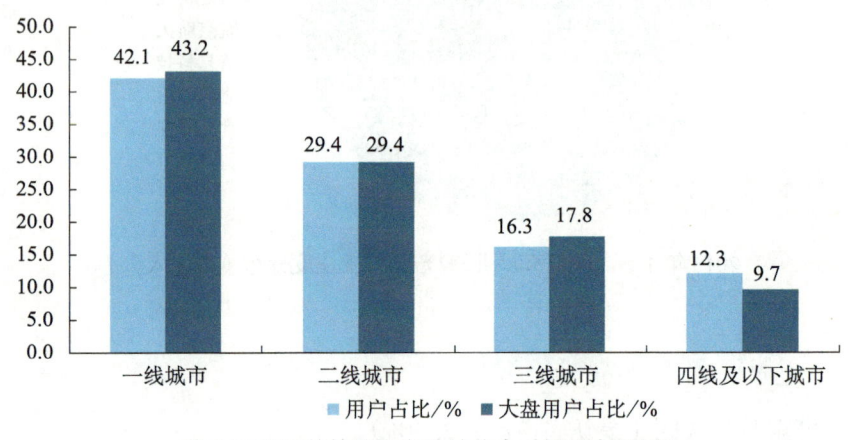

城市级别	用户占比/%	大盘用户占比/%
一线城市	42.1	43.2
二线城市	29.4	29.4
三线城市	16.3	17.8
四线及以下城市	12.3	9.7

移动互联网科普关注者地域分布（按城市级别）

四、男性对科普的关注度更高，不同内容关注度存在性别差异

男性是移动互联网上活跃度较高的科普关注者，更开放的视角使他们对于航空航天、信息科技等与前沿技术相关的领域更感兴趣；而女性群体则更关注健康/医疗以及食品安全等与生活息息相关的信息；在应急避险方面，男性与女性群体关注程度趋同。

五、15～30 岁的用户是科普信息的主要关注者

15～30 岁的用户是受移动互联网科普信息传播影响最广泛的族群，是移动科普用户的主力军。在巩固固有关注者的同时，如何加强科普信息传播对青

少年以及中青年群体的作用，成为亟待思考的问题，也是科普信息化布局的重心之一。

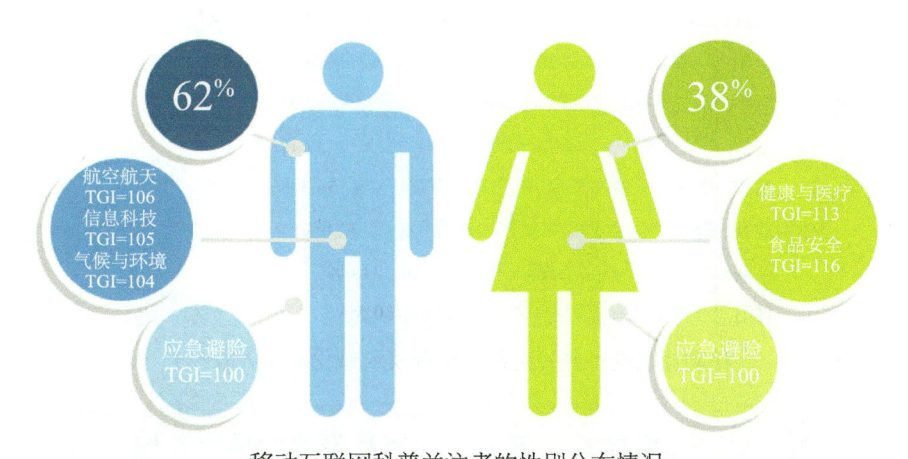

62% 38%

航空航天 TGI=106
信息科技 TGI=105
气候与环境 TGI=104

应急避险 TGI=100

健康与医疗 TGI=113
食品安全 TGI=116

应急避险 TGI=100

移动互联网科普关注者的性别分布情况

注：TGI（目标群体指数）：特定人群特定行为所占比例与整体人群特定行为比例的比值×100。指数大于100，代表特定人群对问题的关注程度高于整体水平

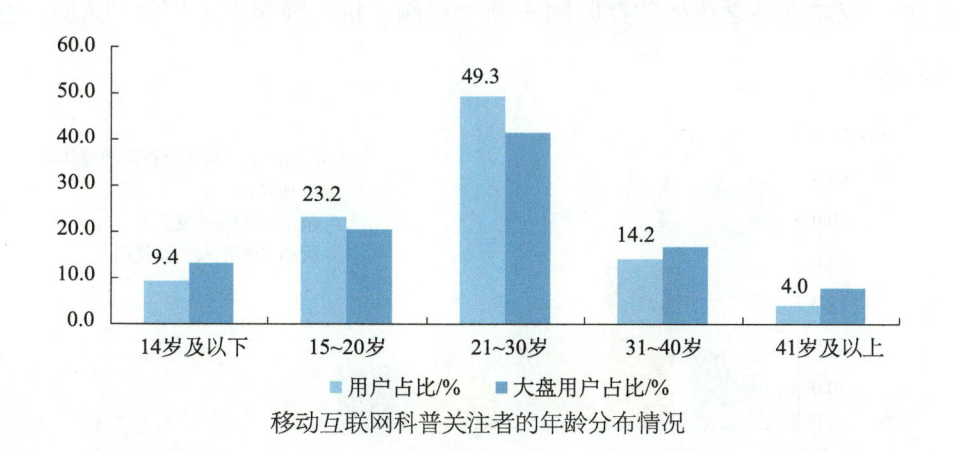

年龄段	用户占比/%	大盘用户占比/%
14岁及以下	9.4	
15~20岁	23.2	
21~30岁	49.3	
31~40岁	14.2	
41岁及以上	4.0	

移动互联网科普关注者的年龄分布情况

六、科普关注者日常活跃在视频及社交类产品上

自己"看"以及跟朋友"聊"，正成为科普关注者在移动端最主要的两条信息获取渠道，科普内容在传播中应着力布局这两大产品平台，让更多的潜在用户了解相关领域的第一手资讯。

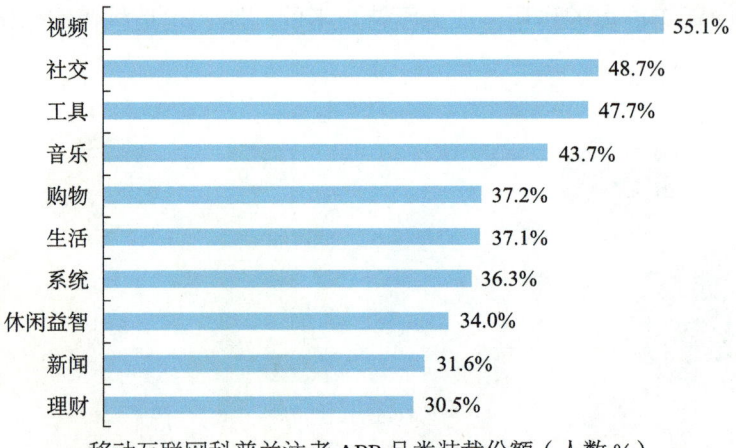

品类	份额
视频	55.1%
社交	48.7%
工具	47.7%
音乐	43.7%
购物	37.2%
生活	37.1%
系统	36.3%
休闲益智	34.0%
新闻	31.6%
理财	30.5%

移动互联网科普关注者 APP 品类装载份额（人数 %）

七、资讯类移动媒体成为传播科学热点事件的重要阵地

新闻／微博等资讯类媒体成为用户了解科学热点的主要入口，占比为 60.1%。应建立科学传播的互联网＋新闻机制，推动科学元素广泛"入驻"移动新闻。

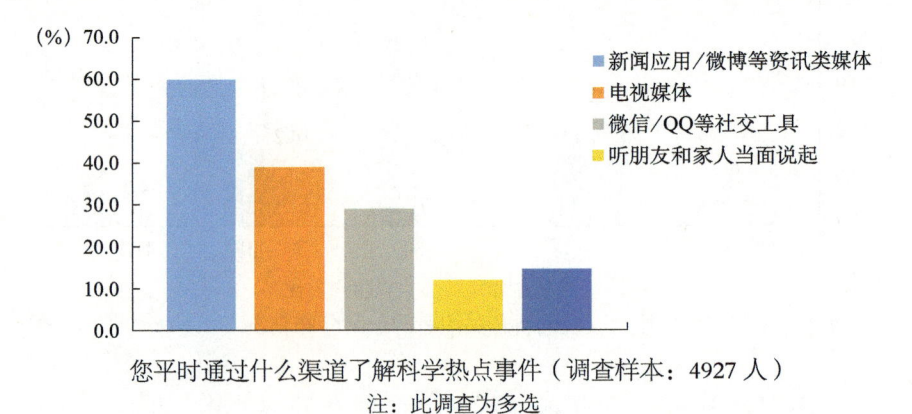

渠道	比例
新闻应用/微博等资讯类媒体	60%
电视媒体	39%
微信/QQ等社交工具	29%
听朋友和家人当面说起	12%
其他	15%

您平时通过什么渠道了解科学热点事件（调查样本：4927 人）
注：此调查为多选

八、图文类科普内容形式最受用户欢迎

图文资讯是用户普遍更接受的科普内容形式，这与图文资讯获取的便捷度有关；33% 的用户更偏爱视频类的科普内容，互动社区以及游戏形式分列第三和第四位。

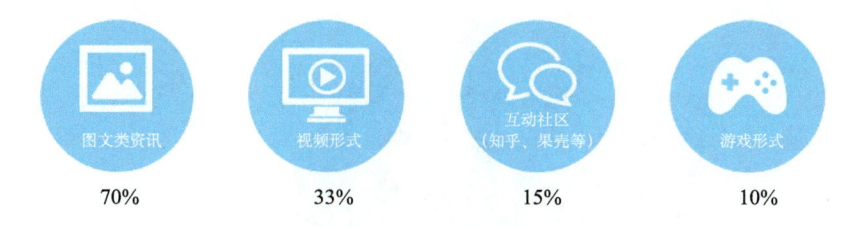

图文类资讯	视频形式	互动社区（知乎、果壳等）	游戏形式
70%	33%	15%	10%

用户青睐的科普类内容形式（人数）

九、研究机构的专业权威在互联网传播中仍最受尊重

国内外研究机构的研究受信赖程度远高于其他新闻信息源，自媒体发布的科普文章受信赖度略低。

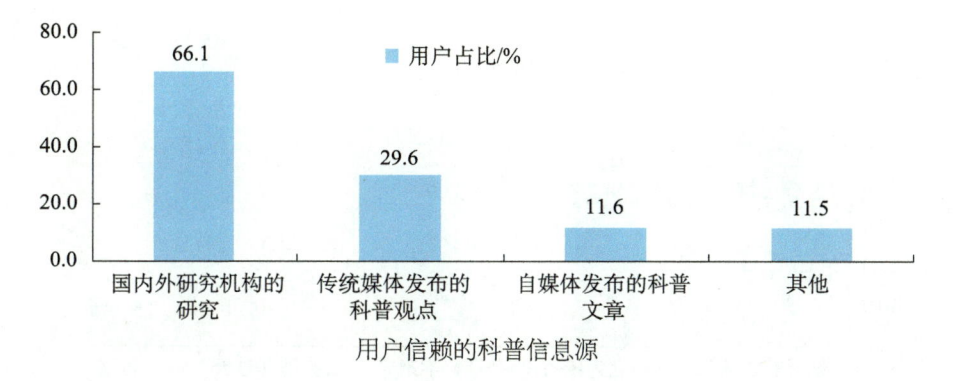

信息源	用户占比/%
国内外研究机构的研究	66.1
传统媒体发布的科普观点	29.6
自媒体发布的科普文章	11.6
其他	11.5

用户信赖的科普信息源

十、提高科普内容的趣味性，可大幅增加用户参与二次传播的机会

超过八成的用户会分享感兴趣或者有意思的科普内容，优秀的科普内容具有很高的传播潜力。移动互联网深刻改变了科学传播的生态结构，去中心化网络迫使传播重心后移。无论是线上社交网络还是线下人际网络，科普用户尤其是关键用户的分享意愿，决定了二次传播的影响力。

十一、防止"科学"流言传播需要有效的辟谣机制，答疑解惑要跟上

"科学"流言的传播在很大程度上会混淆公众视听，超过一半的用户认为，缺乏有效的辟谣机制是"科学"流言肆虐的首要原因，应根据公众关注的焦点问题开展答疑解惑。

数说科普需求侧

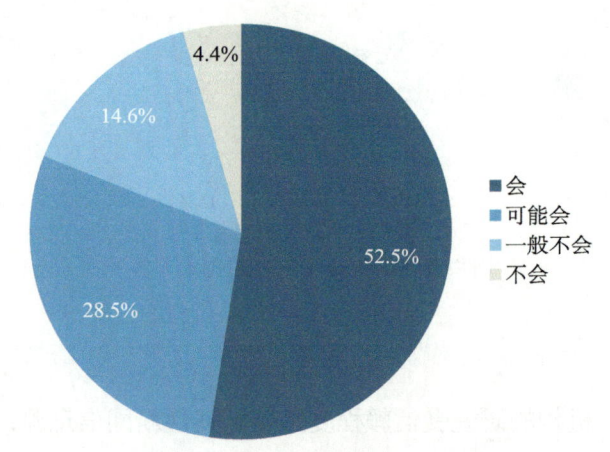

用户对感兴趣、有意思的科普类内容的分享意愿

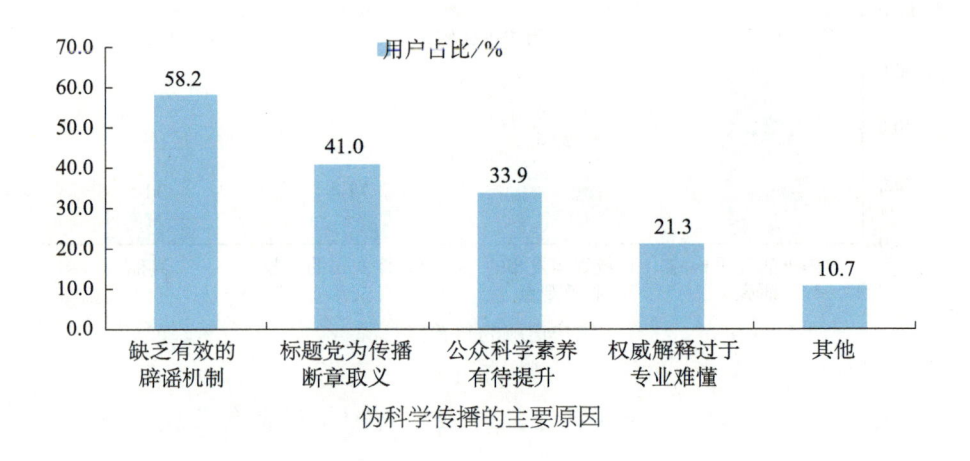

- 会：52.5%
- 可能会：28.5%
- 一般不会：14.6%
- 不会：4.4%

伪科学传播的主要原因（用户占比/%）

- 缺乏有效的辟谣机制：58.2
- 标题党为传播断章取义：41.0
- 公众科学素养有待提升：33.9
- 权威解释过于专业难懂：21.3
- 其他：10.7

十二、培养下一代的科学兴趣至关重要

超过九成的用户认可对下一代的科学兴趣培养，其中近四成的用户认为6～8岁是开始对孩子进行科学教育的最佳年龄段。

十三、"看""玩"与线下实践相结合的科学教育方式更被接受

图文并茂的书籍是用户最希望孩子接受的科学教育形式，占比达到54%。其次为科普视频/电影，占比为44.8%。另外，家长对于线下的科普活动也很重视，超过95%的用户愿意带孩子参观科技馆或参加其他线下科普活动。

附录一
移动互联网网民科普获取和传播行为报告

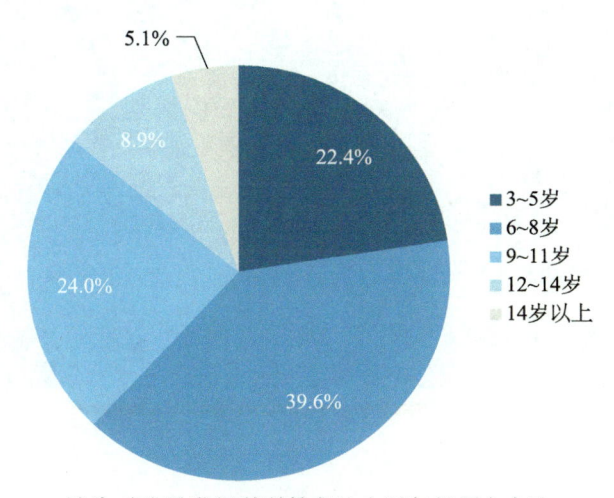

认为对孩子进行科学教育的合适年龄用户占比

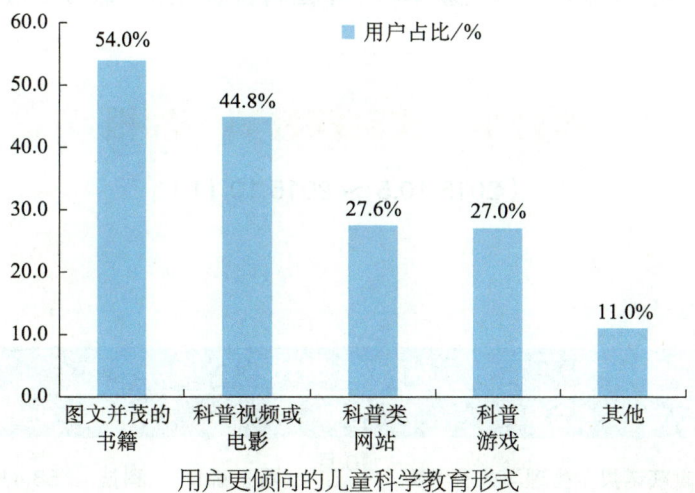

- 3~5岁：22.4%
- 6~8岁：39.6%
- 9~11岁：24.0%
- 12~14岁：8.9%
- 14岁以上：5.1%

用户更倾向的儿童科学教育形式

- 图文并茂的书籍：54.0%
- 科普视频或电影：44.8%
- 科普类网站：27.6%
- 科普游戏：27.0%
- 其他：11.0%

附录二 科普中国实时探针舆情周报

数 / 说 / 科 / 普 / 需 / 求 / 侧

中国科协科普部　新华网　中国科普研究所　联合发布

科普中国实时探针舆情周报

（2015.10.5～2015.10.11）

一、热点排行

科普热点排行榜

排名	热点文章	日期	站点	关键词	阅读量	回复量
1	屠呦呦获诺贝尔生理学或医学奖	10月5日	网易新闻	科技	58 414	12 078
2	中国突破高超音速冲压发动机自主飞行	10月9日	凤凰网	航天	9 732	335
3	故宫首次公开回应慈宁宫区域"灵异事件"	10月9日	凤凰网	迷信	9 265	1 148
4	郑州一级水源保护地垃圾成山	10月9日	网易新闻	环境	7 824	1 110
5	3名游客偷雷峰塔两块砖　称做药给老人	10月7日	凤凰网	迷信	5 152	2 703
6	星巴克月饼中有活虫蠕动　代工厂：不是蛆是米虫	10月10日	网易新闻	食品	4 840	752

续表

排名	热点文章	日期	站点	关键词	阅读量	回复量
7	互联网租车平台运营的专车将获合法身份	10月10日	搜狐新闻	科技	4 134	659
8	国产航母"心脏"大功告成 已研制可弹射舰载机	10月9日	搜狐网	航天	1 558	139
9	环保部：国庆雾霾因秸秆焚烧	10月7日	中国质量新闻网	环境	1 036	29
10	中国2030年烟民死亡或达200万	10月9日	网易新闻	健康	934	15
11	潮州登革热疫情有望平稳减弱	10月11日	南方网	疫情	865	7
12	诺奖到手，中国科技界该反思如何摘掉山寨帽子？	10月6日	搜狐网	科普	309	8
13	中国2020年将满足500万辆电动汽车充电需求	10月5日	搜狐网	能源	240	16

二、热点舆情概述

1. 屠呦呦获诺贝尔生理学或医学奖

10月5日，瑞典卡罗琳医学院在斯德哥尔摩宣布，中国宁波籍女科学家屠呦呦获得2015年诺贝尔生理学或医学奖，以表彰她发现了青蒿素治疗疟疾的新疗法。此消息一出，顿时在网上引发网民诸多讨论。屠呦呦女士的"三无"身份和此前的默默无闻，甚至屠呦呦女士的名字都让人关注。同时，屠呦呦年少时就读的效实中学以及她在宁波的旧居也都引起人们的讨论与关注。

网民多认为屠呦呦女士以"三无"身份获得诺贝尔奖是对中国院士制度的一次拷问；也有网民认为屠呦呦女士凭借青蒿素获奖证明中医并不是伪科学；还有网民对与获奖后的屠呦呦女士各种拉关系的人表示了鄙夷。

2. 中国突破高超音速冲压发动机自主飞行

近日，在中国航空运输协会官网公布的第三届冯如航空科技精英奖获奖名单与事迹介绍中，关于我国的高超音速飞行器的研究情况中，首次公开证实了我国超燃冲压发动机研制成功和高超音速飞行器完成自主飞行试验的消息。我国成为继美国之后第二个实现以超燃冲压发动机为动力的高超音速飞行器自主飞行的国家。

网民认为，向奋斗在科研一线的工作人员致敬；国家的成长有目共睹，我们热爱自己的祖国；年轻一代则应多一些人关心国家发展，为国家做贡献，而不是沉浸在盲目追星中。

3. 故宫首次公开回应慈宁宫区域"灵异事件"

一直以来，社会公众对于有关故宫的各种灵异事件津津乐道、口口相传，甚至有网络恐怖小说以此为题材，编造稀奇古怪的恐怖故事，让紫禁城平添神秘色彩。近日，故宫官方首次就此进行公开回应：所谓"灵异事件"纯属子虚乌有。

网民多表示，应相信科学，只有心里有鬼的人才会相信这些谬论。也有观点认为，灵异鬼怪这种东西宁可信其有不可信其无。

4. 郑州一级水源保护地垃圾成山

10月8日，有报道称郑州一级水源保护地石佛沉沙池周边垃圾遍地。无独有偶，记者在郑州一级水源保护地常庄水库同样发现了大量垃圾。

网民多表示政府部门需要对环境加强管理；少部分网民表示对这种现象已经习以为常了；同时也有言论认为河南相对经济落后，对环境的治理相对困难。

5. 3名游客偷雷峰塔两块砖　称做药给老人喝

10月6日，杭州西湖著名景区雷峰塔出现了三名小偷，他们没偷别的偏偏偷了雷峰塔上的两块砖。根据派出所提供的信息，这三名游客偷砖的原因简直让人目瞪口呆："相信迷信，供奉起来，做药给老人喝。"

网民表示如此迷信，简直可笑。也有部分网民对事件的真实性表示怀疑，因为游客根本接触不到雷峰塔。另有观点表示，如今的雷峰塔根本不能算古建。

6. 星巴克月饼中有活虫蠕动　代工厂：不是蛆是米虫

中秋国庆走亲访友或与朋友聚会时，带上一盒包装精致又甜美好吃的星巴克月饼，既体面又时尚。然而，近日南京大厂的李女士在为母亲花高价买的星巴克月饼中发现了两条大活虫，代工厂解释称月饼中的虫不是蛆而是米虫。李女士想要维权又得不到真相，真是倒了胃口又气坏了身体。

网民纷纷表示愤怒，并对星巴克的回应极度不满，要求工商部门严查；有网民认为，所有食品只要来到中国就问题频出，主要是因为中国容忍度太高，对食品安全的重视程度有限；亦有网民调侃星巴克拍照的相关问题。

7. 互联网租车平台运营的专车将获合法身份

10月10日，《网络预约出租汽车经营服务管理暂行办法（征求意见稿）》公开征求意见，其中明确提出，私家车不得接入互联网预约出租车平台，网络平台接入的车辆登记性质必须为出租车，而且要使用计价器并提供专用发票。此外，车辆需取得出租车运营许可，驾驶员需取得相应的从业资格证。这意味着，互联网企业推出的专车，只要符合一定的准入条件，就可向当地交通主管部门申请合法运营许可。

网民多表示这变化不大，呼吁政府多倾听人民群众的意见；也有少部分网民站在出租车司机的角度，呼吁禁止专车。

8. 国产航母"心脏"大功告成　已研制可弹射舰载机

近日，中国航空协会官网公布了第三届冯如航空科技精英奖获奖名单。最引人注目的内容包括：40兆瓦级船用燃气轮机研制成功、弹射起飞新型舰载机等。其中，40兆瓦级船用燃气轮机是当今世界功率最大的舰用燃气轮机，超过英国"伊丽莎白女王"级航母所用的MT30燃气轮机36兆瓦的功率。

网民多表示支持科研工作，为这些科技工作者点赞。有观点表示，应该重奖科学家，让他们成为年轻人的榜样，从而为国家培养出更多的人才。

9. 环保部：国庆雾霾因秸秆焚烧

环保部在10月7日通报，10月1日至10月6日期间，全国范围监测到疑似秸秆焚烧火点376个，比2014年同期增加53个，河南、山东、辽宁等地的秸秆焚烧火点均比往年上升。

网民普遍质疑环保部的解释，认为秸秆年年焚烧，雾霾不是单靠烧秸秆才产生的；少部分网民建议政府对破坏环境的行为加大处罚力度。

10. 中国2030年烟民死亡或达200万

英国广播公司网站10月9日文章，原题：研究称中国2030年烟民死亡人数可能达200万。医学期刊《柳叶刀》刊登研究报告，指出中国每3名年轻男性中，有1人会因吸烟死亡，不过如果烟民戒烟的话，死亡数字将会下降。"急性短暂性精神障碍"疾病得到网民的广泛重视和讨论。

由于中国烟民人数较多，有网民呼吁关闭烟厂，实行全民戒烟。

11. 潮州登革热疫情有望平稳减弱

潮州登革热防控初见成效，疫情有望平稳减弱。连日来，潮州新增登革热病例数明显减少，其中8日潮州新增登革热病例11例，这是一个月以来潮州新增病例数最少的一天。截至9日16时，潮州共报告1177例登革热病例。

部分网民对登革热表示恐惧，个别网民根据自己的症状怀疑自己得了登革热病。

12. 诺奖到手，中国科技界该反思如何摘掉山寨帽子？

诺贝尔医学奖终于花落中国，为了这个科技奖，中国人期盼了数十年。不过，我们也在遗憾，这样的一个对人类有突出贡献、拯救了千万人生命的科技重大贡献，只有在得到了国际上的认可之后才获得了国内的认可，我们这些年到底做了些什么？

舆论普遍吐槽中国的院士制度等极大地约束了科技创造；对于中国的山寨问题，部分网民表示鄙夷，认为这有损大国形象；也有部分网民称，从山寨到创造有一个过程；有网友表示国家应加大科研投入。

13. 中国2020年将满足500万辆电动汽车充电需求

日前，国务院常务会议已研究通过《关于加快电动汽车充电基础设施建设的指导意见》，即将发布实施。该指导意见提出，到2020年基本建成车桩相随、智能高效的充电基础设施体系，满足超过 500 万辆电动汽车的充电需求。

多数网民表示，对电动汽车的前景并不看好，在这些基础设施的使用上也存在很多问题。

三、传播分析

1. 传播载体分布

在本周的传播载体分布中，互联网新闻仍是社会舆论的主要途径来源，新闻类占比达 42%。其次为微信，占比 18%，微信已逐渐成为新媒体传播的重要力量。微博和论坛各占 13%，依旧是网民讨论话题的主要活跃平台。

总计	论坛	博客	新闻	微博	纸媒	微信	APP 新闻
192 116	25 749	9 715	81 254	24 758	11 245	33 874	5 521

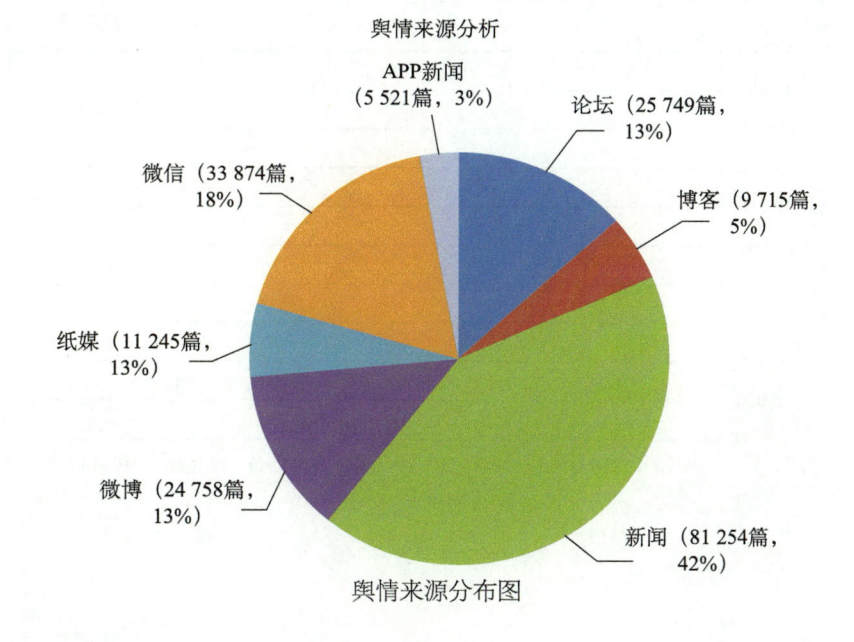

舆情来源分布图

2. 载体热度分布

在舆情热度方面，本周总发文量为 192 116 篇。在各传播载体中，新闻量最高，为 81 254 篇；微信量其次，为 33 874 篇；第三名是论坛帖数，为 25 749 篇。七大传播载体的平均发文数为 27 445 篇。

一周舆情热度分布柱状图

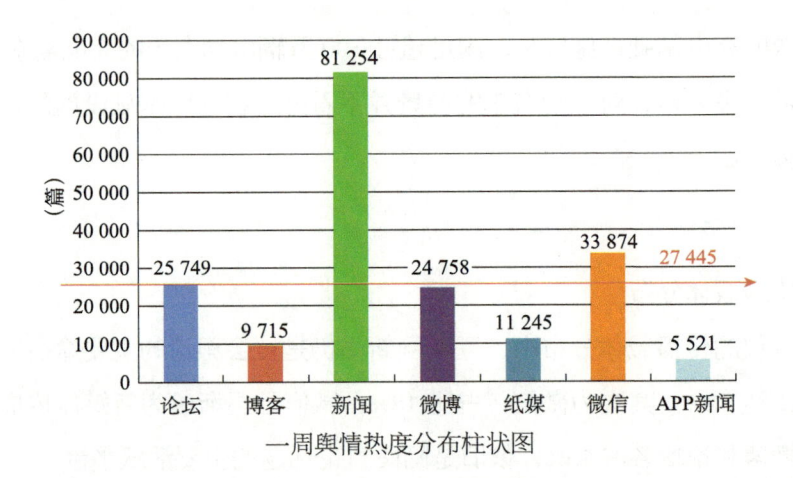

3. 舆情热度走势

本周整体舆情热度走势呈现先平缓后上扬的趋势，10月10日达到最高。黄金周期间舆情相对平稳，之后持续上扬。

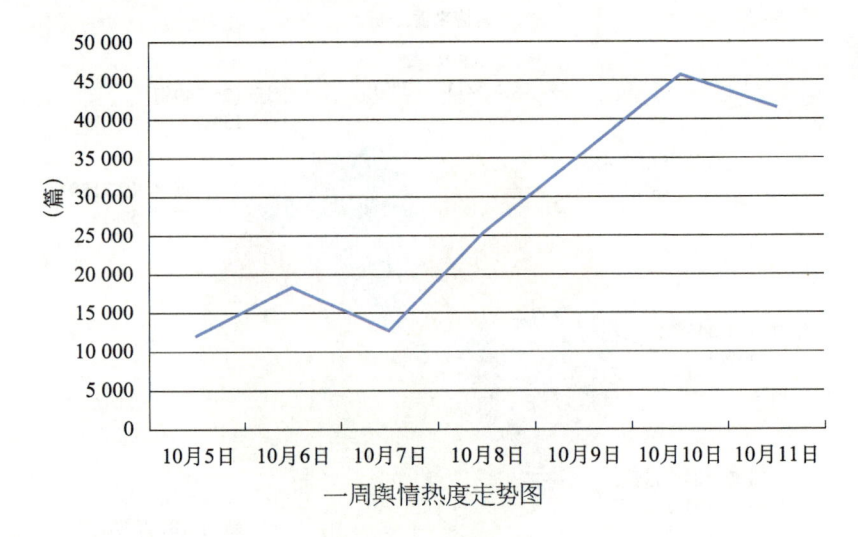

一周舆情热度走势图

科普中国实时探针舆情周报

（2015.10.12～2015.10.18）

一、热点排行

科普热点排行榜

排名	热点文章	日期	站点	关键词	阅读量	回复量
1	多地学校操场跑道被曝光疑毒害健康 或致男孩绝育	10月14日	青青岛社区	健康	155 854	53
2	新疆去极端化调查：有世俗化民众受到极端势力裹挟	10月12日	凤凰网	迷信	114 969	253
3	浙大儿院向全球儿科专家发出邀请：一起来救治首个"无肠宝宝"	10月16日	19楼	医疗	38 896	27
4	104岁老人长黑发换新牙	10月16日	凤凰新闻APP	健康	19 275	70
5	2015诺贝尔经济学奖出炉	10月12日	凤凰论坛	科普	18 581	0

二、热点舆情概述

1. 多地学校操场跑道被曝光疑毒害健康 或致男孩绝育

据中国之声《新闻纵横》报道，近日，媒体不断接到江苏苏州、无锡、南京、常州等多地学生家长反映，孩子上学后集中出现了流鼻血、头晕、起红疹等症状，他们怀疑与学校的塑胶跑道气味呛人有关。对此，校方无奈表示，找遍了当地所有检测单位，均无法出具检测报告。记者调查发现，我国已建室外塑胶跑道的有毒检测是一项行业空白。在我国，塑胶跑道从生产的工艺开始，到招投标采购、建设施工等各个环节都存在明显问题。由于塑胶跑道建设是以建筑工程立项，中标单位多为建筑公司，而建筑公司中标后又会进行层层转包，另外，能对施工过程进行监督的监理公司也缺少化工方面的专业知识，根本无力对塑胶跑道的材料优劣进行辨别。这样的漏洞，也就给了施工方在建设中对材料做文章、掉包的机会。

南京林业大学理学院化学与材料科学系、聚氨酯专家罗教授目前指出，劣质塑胶的毒性污染源危害最大的是跑道中使用的有毒塑化剂，它能增加劣质跑道弹性，使其弹性达到国家标准。塑化剂中最常见的为邻苯类塑化剂，过量使用甚至将导致男孩绝育。

观点表示，本该为学校塑胶跑道安全把上最后一道关的当地环保、住建、教育、质监、体育局等相关部门均无法做到有效监管。入口把关不严，工程建设监管形同虚设，因此，"毒"跑道乘虚而入，很难被发现，成为孩子健康的隐形杀手。

多数网民认为，监管部门应该严查全国各地学校塑胶跑道建设情况，严惩相关责任人，对工程项目负责人终身追责；也有网民呼吁回归恢复自然草坪；不少网民还表示国家应该完善相关环保检测标准体系。

2. 新疆去极端化调查：有世俗化民众受到极端势力裹挟

10月12日，凤凰网发布的新疆去极端化调查专题报道的独家文章陆续被国内论坛转载，阅读量和回复数数据量较大。文中观点表示宗教极端思想对新疆渗透由来已久，并详细阐述了一些具体的现象和新疆当局顶层设计推动去极端化的措施。

多数当地网民表示，身边的确存在极端化各种现象，文章中描述得很详细；不少网民支持国家从源头和教育上入手解决宗教思想极端化问题；也有网民表示应该用极端制极端，使用强制政策或严打；但也有网民认为应该给予当地民众更加自由的宗教信仰和思想方式。

3. 浙大儿院向全球儿科专家发出邀请：一起来救治首个"无肠宝宝"

10月16日，在浙大儿院新生儿重症监护中心成立30周年的庆典上，院长杜立中教授就向来自美国、加拿大著名儿童医院的十余位儿科专家发出邀请，希望在全球范围内征求适合"无肠宝宝"阿代尔治疗的最佳医疗机构以及最合适的下一步治疗方案。

"无肠宝宝"阿代尔出生后因大肉瘤长期挤压失去肠子，没喝过一口奶，在浙大医学院附属儿童医院新生儿重症监护室全靠营养液正常长到了20个月。看着这个可爱的宝宝一天天长大，大家都很高兴，也很难过，因为至今为止还没有找到一个很好的办法，来解决无肠这个问题。

网民纷纷表示对无肠宝宝的同情，对目前医疗技术尚不能彻底医治表示无奈；也有网民认为父母不负责任，孕检检查出来有问题应该不生下来。

4. 104岁老人长黑发换新牙

湖北随州城区沿汉巷，有位现年104岁的老寿星名叫杨传玉，老人不仅身体健康、能干家务，过百岁生日后竟又开始长出黑发、长出牙齿，街坊邻里都夸老人"有福气"。

多数网民对长黑发和牙齿表示惊讶，网民认为老人平常吃的清淡，多做家务，多动动有益健康；不少网民羡慕家有这样的健康老人，认为一家一定很幸福；少数网民也调侃可以延迟退休了。

5. 2015诺贝尔经济学奖出炉

10月12日，诺贝尔奖评选委员会宣布，英国经济学家安格斯·迪顿(Angus Deaton)获得了本年度的诺贝尔经济学奖。现年69岁的迪顿主要研究经济发展、福利和健康等领域。他目前在美国普林斯顿大学任教。迪顿将获得85万欧元的奖金。

根据瑞典发明家阿尔弗雷德·诺贝尔遗嘱所设立的诺贝尔奖最初只包括化学奖、物理学奖、文学奖、医学奖与和平奖，诺贝尔经济学奖是在1968年由瑞典国家银行为纪念诺贝尔所增设的，正式名称为"瑞典中央银行纪念阿尔弗雷德·诺贝尔经济学奖"。

由于这一奖项的特殊性，媒体给予了较高关注和知识普及，如澎湃新闻发表题为《诺贝尔经济学奖的十一个冷知识》的文章，腾讯新闻则关注和分析诺贝尔奖获奖名单评审程序是如何出炉的。国内网民则相对评论较少，针对诺贝尔奖的讨论依旧集中在发现青蒿素的屠呦呦。

三、传播分析

1. 传播载体分布

在本周传播载体分布中，互联网新闻仍是社会舆论的主要途径来源，新闻类占比达 39%。其次为论坛和微信，分别占比 19% 和 16%。

此外，微博占比 11%，纸质媒体和博客占比为 5% 和 7%。APP 新闻占比 3%，占比较小。

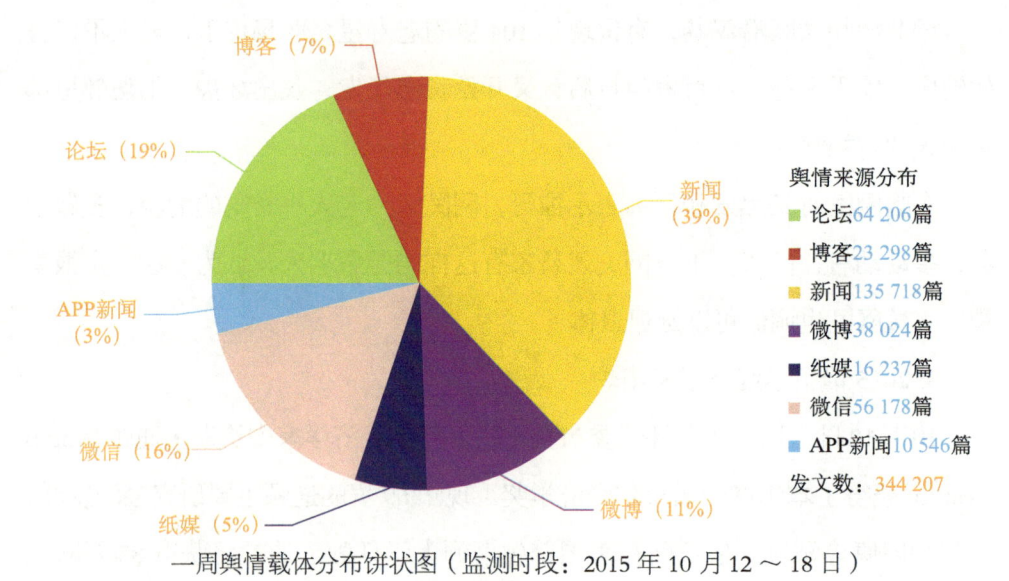

一周舆情载体分布饼状图（监测时段：2015 年 10 月 12～18 日）

舆情来源分布
- 论坛 64 206 篇
- 博客 23 298 篇
- 新闻 135 718 篇
- 微博 38 024 篇
- 纸媒 16 237 篇
- 微信 56 178 篇
- APP 新闻 10 546 篇
- 发文数：344 207

2. 载体热度分布

在舆情热度方面，本周总发文量为 344 207 篇。在各传播载体中，新闻量最高，为 135 710 篇；论坛量其次，为 64 207 篇；第三名是微信帖数，为 56 178 篇。七大传播载体的平均发文数为 49 172 篇。

3. 舆情热度走势

本周整体舆情热度走势呈逐渐下降的趋势。10 月 12 日最高，为 79 457 条，10 月 18 日最低。

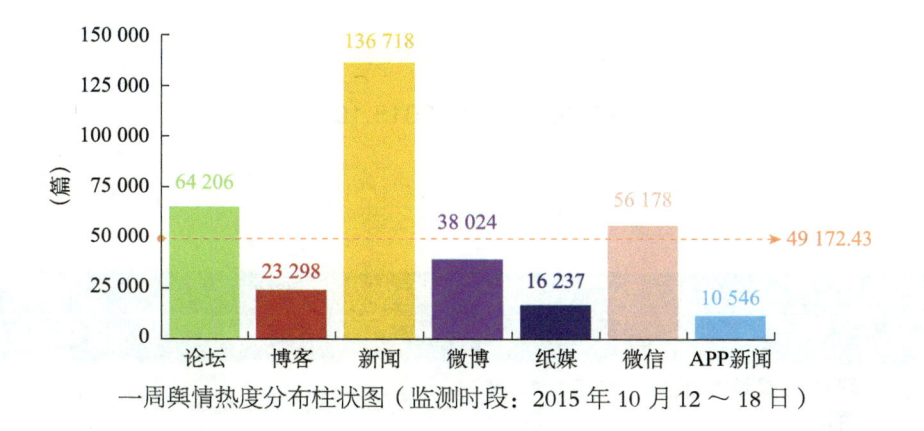

附录二
科普中国实时探针舆情周报

一周舆情热度分布柱状图（监测时段：2015 年 10 月 12～18 日）

一周舆情热度走势图（监测时段：2015 年 10 月 12～18 日）

科普中国实时探针舆情周报

（2015.10.19～2015.10.25）

一、热点排行

科普热点排行榜

排名	热点文章	日期	站点	关键词	阅读量	回复量
1	网传火腿培根致癌 世卫否认	10月24日	《华西都市报》	食品健康	115 684	5 117
2	网易邮箱被爆过亿数据泄露	10月19日	腾讯新闻	信息安全	75 462	1 315
3	火爆朋友圈的核桃味瓜了 吃多了会变笨？	10月19日	19楼	食品健康	60 921	3 252
4	微信"砍价"有骗局 多为获取用户个人信息	10月19日	新浪微博	个人信息	51 247	3 457
5	砸牛顿苹果树成功嫁接上海 长势良好	10月23日	新浪科技	科学探索	31 541	221
6	科研人员成功抢救失控高速翻滚卫星	10月21日	澎湃新闻	航空航天	12 893	510
7	可口可乐被曝在华伪造环保数据 相关主管被刑拘	10月22日	网易新闻	环境保护	7 247	510
8	北京动物园回应狮子"骨瘦如柴"	10月22日	《北京青年报》	动物健康	5 541	774

二、热点舆情概述

1. 网传火腿培根致癌 世卫否认

10月24日，一则跟火腿、培根有关的消息火了！媒体援引英国《每日邮报》消息称：世界卫生组织预计26日将宣布，火腿、培根等加工肉制品为"致癌物"，即致癌程度最高的物质，与香烟、砒霜"为伍"。随后，世界卫生组织下属的"癌症研究署"在其官方网站上否认向任何媒体发布了这一消息，并称将于巴黎当地时间26日周一下午发布评估的详细结果。

多数食品安全领域的专家建议应尽量不吃或者少吃火腿、培根。也有专家认为不说剂量，只说危害，这明显是不科学的。

绝大多数网民对食品安全担忧，认为可以放心安全食用的东西已经很少了。也有网民质疑此类消息的真实性，认为少量食用无碍，但要控制好量。

2. 网易邮箱被爆过亿数据泄露

10月19日，有用户"路人甲"在国内安全网络反馈平台WooYun（乌云）发布消息称，网易163/126邮箱过亿数据泄漏，涉及邮箱账号、密码、用户密保等。同时有苹果用户发现iCloud账号被盗，与苹果客服沟通后，认定是用网易邮箱注册所致。网易回应称，此次事件，是由于部分用户在其他网站使用了和网易邮箱相同的账户密码，其他网站的账号信息泄露，被不法分子利用，侥幸尝试登录网易邮箱造成。

从目前已知的信息分析，此次安全危机或是数据泄露后，黑客"撞库"导致。所谓"撞库"，是指黑客通过互联网上已经泄露的账户名–密码对信息，生成对应的字典表，批量尝试登陆各种网站，获取一些可以登陆的用户的权限。

评论中网民情绪激动愤怒，表示自己的账号存在被盗或异地登录的情况，尤其是网易对应的网游账号；也有网民表示已弃用网易邮箱多年，提醒大家做好密码修改工作，提高日常安全意识。

3. 火爆朋友圈的核桃味瓜子 吃多了会变笨？

最近一种零食十分走俏，那就是山核桃味的瓜子，据说好吃到让人停不下来，但网上却曝出吃了这种瓜子人会变笨的消息！专家说，瓜子无论是新的还是陈的，要想吃起来口感脆，秘密就在于加明矾。可是明矾中的铝，长期积累会造成记忆力下降、智力下降，甚至发展成老年痴呆，还会影响青少年的生长发育。

浙江省金华市金东区有8家食品生产企业，它们加工的瓜子销往全国各地，占全国市场较大份额，其中就有核桃口味的瓜子。目前，金华市金东区市场监管局已经对这8家生产企业现场检查并监督抽检。

网民对瓜子的添加剂会影响健康表示担忧，调侃连瓜子都要自己做了；也有网民不以为然，认为山核桃味瓜子确实好吃，适当地使用食用添加剂正常，少吃点不会影响健康；另有一部分网民认为相关部门应该尽早公开检测结果，严查违法添加添加剂的厂家。

4. 微信"砍价"有骗局　多为获取用户个人信息

近日，微信里掀起了"帮忙砍价"的热潮，称邀请朋友在链接中帮忙"砍价"，若砍到 0 元，则可免费获得 iPhone6S、相机甚至价值十几万的车。殊不知，许多"砍价"链接的真实目的是获取用户的个人信息，用户最后不仅不会收到奖品，反而有可能被骗钱。

10 月 19 日，公安部官方微博发文《女孩朋友圈砍价 8 万元嫁妆全没了》，提醒大家注意此类骗局。

较多网民认为，腾讯作为平台，监管不力有责任，对骗子的行为表示愤怒，认为政府相关部门对微信应该作出相关管理规定。也有网民认为进入自媒体时代后，不但生活变方便了，同时抵御不良信息的风险也增加了，并转发或者提醒大家小心骗局。

5. 砸牛顿苹果树成功嫁接上海　长势良好

砸了牛顿脑袋的这株苹果树也被称为"牛顿苹果树"，被视为科学探索精神的象征。10 月 23 日媒体报道，此前上海科协曾赴英国剪下了"牛顿苹果树"的枝条带回国内，如今经嫁接后的"牛顿苹果树"将落户上海科学会堂。这棵"牛顿苹果树"现在只有一米左右高，仍生长在温室中，但是枝叶繁茂，长势良好。

网民评论幽默，调侃将来上海也能砸出个顶级科学家，也有网民表示没有什么实际意义。

6. 科研人员成功抢救失控高速翻滚卫星

10 月 21 日，多家媒体报道西安卫星测控中心测控技术部研究员李恒年于 2006 年、2007 年、2011 年多次抢救回失控高速翻滚卫星的事迹。

中国新闻网、千龙网、网易新闻、腾讯新闻、人民网等多家媒体多篇幅报道相关内容，媒体关注度较高。网民评论参与度总体较少，网易评论中无头像的用户多条同样评论的疑似网民评论较多，其中不乏调侃卫星得了急性短暂性精神障碍，吐槽新闻事件久远，质疑事件的真实性等。也有少量网民为中国航天技术自豪，称赞相关科研人员。

7. 可口可乐被曝在华伪造环保数据　相关主管被刑拘

9月11日，甘肃省兰州市环境监察局会同兰州市公安局环保分局执法人员，对甘肃中粮可口可乐饮料有限公司进行现场检查时发现，该公司通过改变污水在线监测设备采样方式伪造监测数据，逃避环保监管。10月15日，兰州市公安局依法对中粮可口可乐饮料有限公司的主管人员处以行政拘留5天的处罚。

可口可乐瓶装厂伪造污水监测数据，逃避环保监管的消息已发酵几日。10月22日，可口可乐公司在回复《北京商报》记者时表示，已开展内部自查。

多数网民质疑并相互讨论作为合资公司的中粮公司的行为，为何仅仅指向可口可乐；也有网民认为相比环保产生的维护，拘留5日惩罚力度过小。

8. 北京动物园回应狮子"骨瘦如柴"

日前，有动物保护人士在微博上发布两张照片，北京动物园的一只狮子骨瘦如柴，另一只老虎身材也非常"苗条"。这名人士认为狮子生病或者吃不饱，"粮草"存在被克扣的情况。

北京动物园回应称，狮子确实偏瘦，但目前并没有发现疾病，并不存在吃不饱的情况，而老虎是孟加拉虎，本身体型偏小，属于正常现象。

网民纷纷质疑这一回应，看图片狮子已经瘦成只有骨架了，并留言评论一些动物园饿着动物让游客再另外购买食物投喂的现象。

三、传播分析

1.传播载体分布

在本周传播载体分布中，互联网新闻仍是社会舆论的主要途径来源，新闻类占比达 41%。其次为论坛和微信，分别占比 17% 和 15%。

此外，微博占比 13%，纸质媒体和博客占比为 5% 和 6%。APP 新闻占比 3%，占比较小。

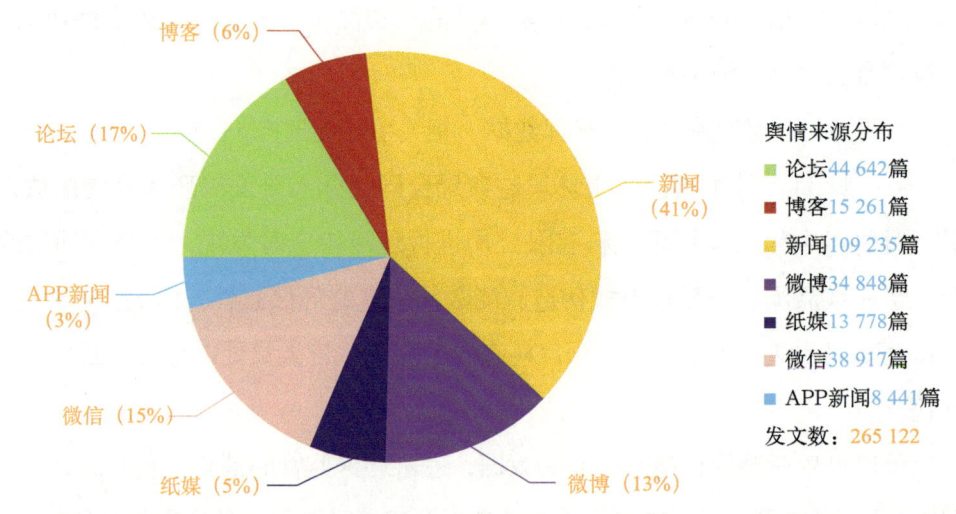

舆情来源分布
- 论坛 44 642 篇
- 博客 15 261 篇
- 新闻 109 235 篇
- 微博 34 848 篇
- 纸媒 13 778 篇
- 微信 38 917 篇
- APP 新闻 8 441 篇

发文数：265 122

一周舆情载体分布饼状图（监测时段：2015 年 10 月 19～25 日）

2. 载体热度分布

在舆情热度方面，本周总发文量为 265 122 篇。在各传播载体中，新闻量最高，为 109 235 篇；论坛量其次，为 44 642 篇；第三名是微信帖数，为 38 917 篇。七大传播载体的平均发文数为 37 874 篇。

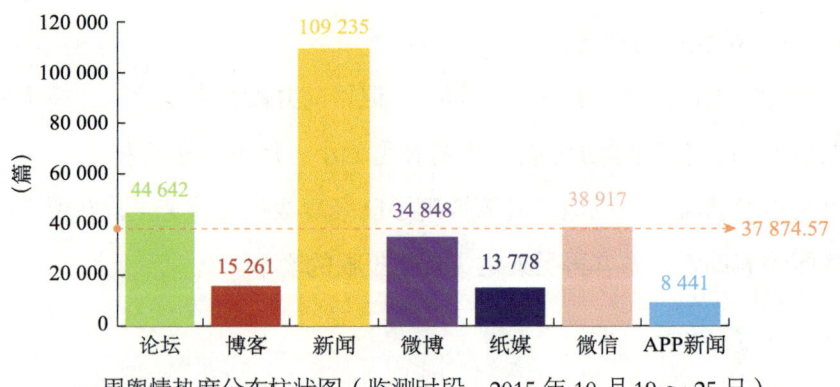

一周舆情热度分布柱状图（监测时段：2015 年 10 月 19～25 日）

3. 舆情热度走势

本周整体舆情热度走势呈逐渐下降的趋势。10月12日最高，为46 518条，10月25日最低。

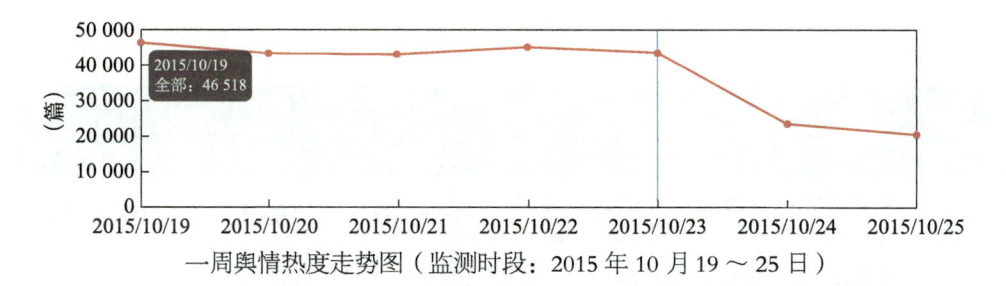

一周舆情热度走势图（监测时段：2015年10月19～25日）

科普中国实时探针舆情周报

（2015.10.26～2015.11.01）

一、热点排行

科普热点排行榜

排名	热点文章	日期	站点	关键词	阅读量	回复量
1	世卫组织确定将加工肉制品列为致癌物	10月26日	腾讯新闻	食品安全	300 124	11 211
2	运营商否认流量不清零后消耗快	10月26日	凤凰网	移动通信	207 306	11 427
3	世卫再发警告：中式咸鱼等115种物质也致癌	10月30日	凤凰网	食品安全	99 127	1 949
4	邓亚萍首度回应"败光20亿"传言：公道自在人心	10月26日	网易新闻	科技谣言	94 857	4 096
5	刑法修正案（九）施行 微信朋友圈传谣最高可判七年	10月28日	新浪微博	司法法律	62 946	1 958
6	男子杀猪掏出620克"怪蛋"疑是名贵中药猪砂	10月27日	腾讯新闻	医疗健康	21 114	10 291
7	使用过夜升级iOS 9.1 闹钟会被取消	10月27日	网易科技	信息技术	11 373	277
8	《中国公民性福素养大调查》超六成国人性生活不达标	10月26日	《健康时报》	医疗健康	9 321	201
9	青蒿产品竟能"强身""抗癌"？聚焦青蒿素保健品搭诺奖便车乱象	10月26日	《北京青年报》	医疗保健	7 743	98

二、热点舆情概述

1. 世卫组织确定将加工肉制品列为致癌物

10月26日，世界卫生组织旗下的国际癌症研究机构将加工肉制品列为致癌物，因有"充分证据"表明其可能导致肠癌；红肉类也有致癌可能。在最新报告中，把热狗、火腿等加工肉制品列为1A级"一类致癌物"。在该报告正式发布之前疯传网络的消息中，"火腿培根致癌，与砒霜同级"等表述曾引发舆论热议。

10月29日，中国肉类协会发布声明反击：目前没有证据表明，有任何一种食品（包括红肉和肉类加工制品）被证实会引发或治疗任何癌症。

相关话题继续受到网民热议，"火腿培根＝砒霜"也被纳入北京市科学技术协会、北京地区网站联合辟谣平台、北京科技记者编辑协会共同发布2015年10月"科学"流言榜。吃货们表示担心：难道真得要从此只吃素食？专家表示，一类致癌物和其致癌性没有直接关系。只要适量，无论是火腿还是红肉，都可食用，若搭配新鲜蔬菜风险会更低。

2. 运营商否认流量不清零后消耗快

三大电信运营商自10月1日推出"流量不清零"政策已有20多天，但消费者似乎并"不买账"。反倒是有一些消费者在社交媒体中吐槽流量消耗速度太快，以前月底还有流量，现在到月中流量已经用完，质疑是运营商故意为之。

10月28日，中国移动的官方微博最先作出回应称，流量不会跑得快。中国移动的计费系统有着严格的检查校验机制，并通过了各级主管部门和独立第三方的检查测试。而中国联通相关人士也表示，不可能克扣用户的流量。

但网民评论依旧强烈质疑。业内人士表示，无论是不是运营商使用技术手段修改流量数据，或是消费者安装的软件"偷流量"，运营商都应该站出来自证清白。如果近期电信计量确实有问题，消费者有权索赔。

3. 世卫组织再发警告：中式咸鱼等115种物质也致癌

据《中国日报》报道，世界卫生组织（WHO）近日发布研究报告称，除了加工肉制品和红肉外，包括中式咸鱼在内的115种物质可以致癌。产生这些致癌物的行为包括：吸食烟草、饮酒、室内煤气、含砷的饮用水、制鞋修鞋、打扫烟囱、制作家具、勘探钢铁，等等。除此之外，生产铝、金胺以及橡胶也会致癌。中式咸鱼也在致癌物名单当中。

相比之前的加工肉制品致癌，网民较理性评论，此次警告引发网民较激烈的不满评论，认为报告的不科学性的评论居多。同时，调侃中国的食品安全问题以及讽刺专家建议的评论有明显上升。

4. 邓亚萍首度回应"败光20亿"传言：公道自在人心

10月26日，邓亚萍在奥地利参加第三届贝肯鲍尔营论坛时回应"败光20亿"的传闻，邓亚萍对此一笑置之，"公道自在人心，谣言终会破灭。"据记者多方了解到的消息，所谓败光20亿之事确为子虚乌有，互联网业界人士对邓亚萍在即刻搜索的工作成绩还是肯定的。

网民评论一片负面，强烈质疑报道及记者所谓的多方了解，诸多不乏讽刺和调侃这就是谣言。

5. 刑法修正案（九）施行　微信朋友圈传谣最高可判七年

11月起，刑法修正案（九）正式施行，其中规定，编造虚假的险情、疫情、灾情、警情，在信息网络或者其他媒体上传播，造成严重后果的，处3年以上7年以下有期徒刑。

过半网民评论支持，表示终于可以不用忍受各种诸如养生常识、"不转不是中国人"的骚扰了。也有不少网民讽刺调侃《人民日报》造谣也要判刑。还有网民认为关键在于执行，目前网上各种平台各种各样的谣言层出不穷。

6. 男子杀猪掏出620克"怪蛋"　疑是名贵中药猪砂

10月27日，福建德化县水口镇湖扳村村民黄武枝宰杀家里养了5年的老母猪时，竟从猪肚里掏出一个重达620克的"怪蛋"，众多村民猜测这是"猪砂"。记者从黄武枝传过来的照片中看到，"怪蛋"呈椭圆形，外表呈浅黄色，全身长着两三厘米长的毛。黄武枝用刀将绒毛切开一个小洞，发现里面是黄色的，有点香，像药材的香味。

猪砂又名猪辰砂，是猪胆囊、胆管、肝管等脏器中的结石，外形如同豆粒，或呈粉末状，外观呈粉红色或棕褐色，表面有少许光泽。猪砂是一种名贵紧缺中药材，其形成时间较长，而猪的饲养期又很短，所以很少能在猪体内发现，但也有偶尔可见的。它的药用功效类似牛黄，主要用于清热、解毒、化痰、定惊，对人体有镇静作用，可治疗心跳、失眠等症。

不少网友表示，猪砂现在市价在万元左右一克。如果这样算的话，黄武枝家的"猪砂"就价值 600 多万元。

7. 使用过夜升级 iOS 9.1　闹钟会被取消

10 月 27 日消息，据国外媒体报道，根据目前网友对 iOS 9.1 的反馈报告，如果采用过夜升级功能将 iPhone 更新到 iOS 9.1，所有的预设闹钟将被自动取消。

根据苹果官方的描述，使用过夜更新功能，"用户可以选择今晚安装或稍后提醒我。如果点击今晚安装，只需要为 iOS 设备插上电源，然后去睡觉。夜间，设备将自动完成更新。"不幸的是，一些 iPhone 和 iPad 用户最近发现，使用这一功能会取消你的闹钟设定。

较多网友反馈遇到了这种情况，表示之前版本更新也遇到过类似情况；也有网友表示会因为这个原因不再更新新版本。

8.《中国公民性福素养大调查》　超六成国人性生活不达标

10 月 25 日，中国性学会联合中华医学会男科学分会发布了在 2015 年开展的《中国公民性福素养大调查》，调查发现，超六成调查对象性福之事不达标。

较多网民对数据的科学性表示质疑，还有网民认为工作压力大和食品安全问题是影响这一结果的主要因素，也有不少网民调侃至今单身。

9. 青蒿产品竟能"强身""抗癌"？聚焦青蒿素保健品搭诺奖便车乱象

随着屠呦呦女士获得诺贝尔生理学或医学奖，青蒿素开始走入大众的视野，与此同时，网络购物平台上开始出现一些青蒿素产品。日前，《北京青年报》记者在互联网上检索"青蒿素保健品"时发现，有多家网店在出售国外进口的高纯度青蒿素保健品，其中有不少商家在介绍该产品时称其能够"抗癌、抗肿瘤、治疗白血病"。

相关专家表示，青蒿素是否有抗癌作用尚在研究中，还没有明确结论，并且该研究目前还没有进行到临床阶段。网民则谴责商家让大家更加难分辨新闻和谣言的区别。

三、传播分析

1. 传播载体分布

在本周传播载体分布中，互联网新闻仍是社会舆论的主要途径来源，新闻类占比达 42%。其次为论坛和微博，分别占比 16% 和 15%。

此外，微信占比 13%，纸质媒体和博客占比为 5% 和 6%。APP 新闻占比 3%，占比较小。

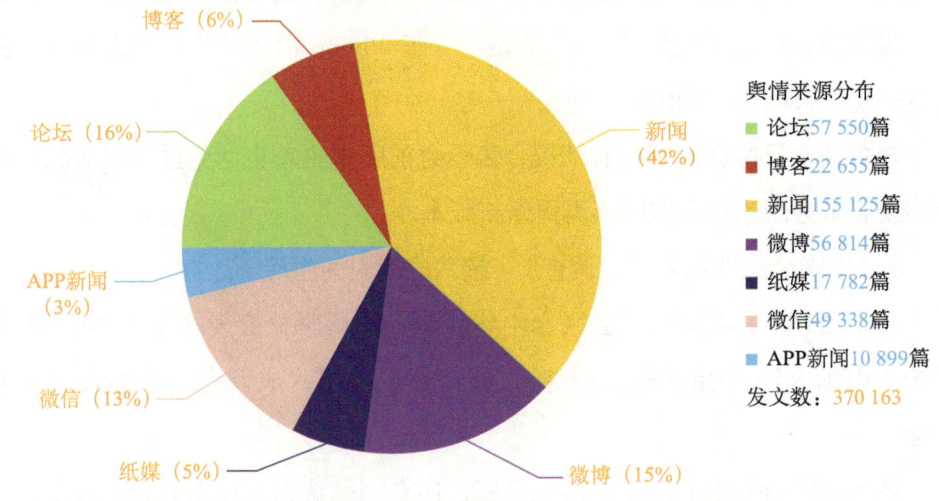

舆情来源分布
论坛 57 550 篇
博客 22 655 篇
新闻 155 125 篇
微博 56 814 篇
纸媒 17 782 篇
微信 49 338 篇
APP新闻 10 899 篇
发文数：370 163

一周舆情载体分布饼状图（监测时段：2015 年 10 月 26～11 月 1 日）

2. 载体热度分布

在舆情热度方面，本周总发文量为 370 163 篇。在各传播载体中，新闻量最高，为 155 125 篇；论坛量其次，为 57 550 篇；第三名是微博帖数，为 56 814 篇。七大传播载体的平均发文数为 52 880 篇。

3. 舆情热度走势

本周整体舆情热度走势呈逐渐下降的趋势。10 月 27 日最高，为 81 330 条，11 月 1 日最低。

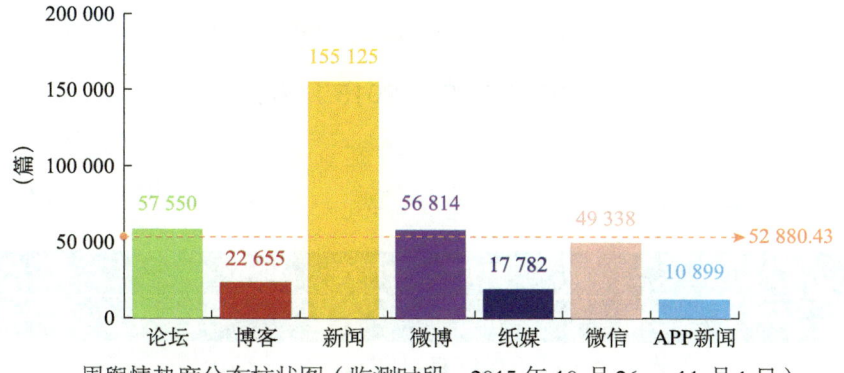

附录二
科普中国实时探针舆情周报

一周舆情热度分布柱状图（监测时段：2015年10月26～11月1日）

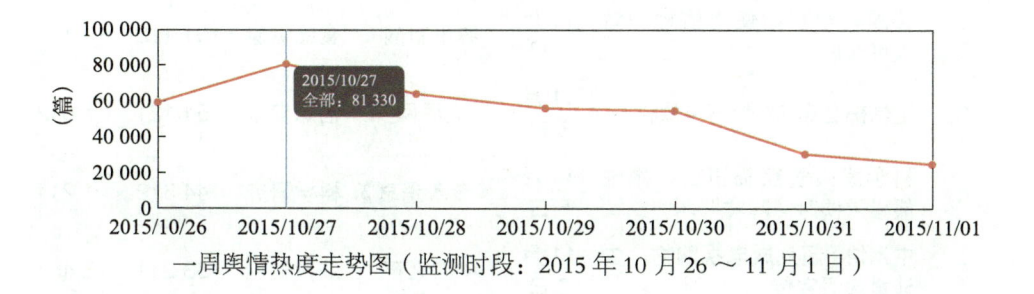

一周舆情热度走势图（监测时段：2015年10月26～11月1日）

科普中国实时探针舆情周报

（2015.11.2～2015.11.8）

一、热点排行

	科普热点排行榜					
排名	热点文章	日期	站点	关键词	阅读量	回复量
1	国产大飞机 C919 下线	11月2日	观察者网	航空航天	221 541	42 154
2	英国科学家称使用植物油做饭可致癌	11月7日	腾讯新闻	食品健康	101 112	12 141
3	工信部公布 35 款不良软件	11月5日	人民网	信息安全	54 121	7 612
4	科学家破解熊猫语言：雄性熊猫求偶时"咩咩"叫	11月5日	《参考消息》	科学研究	44 312	1 214
5	中消协：超九成电视购物广告涉嫌虚假宣传	11月3日	中国之声	消费购物	33 211	2 451
6	屠呦呦入选年度"科技创新人物"	11月6日	《北京晚报》	科普科协	21 151	1 547
7	成都海关截获上千只德国活体大蚂蚁	11月3日	新华网	生态环境	12 114	951

二、热点舆情概述

1.国产大飞机 C919 下线

11月2日，在中国商飞总装制造中心浦东基地厂房，经过7年的设计研发，C919 大型客机首架机正式下线。

多数主流平面和互联网媒体给予高度评价，认为 C919 下线标志着我国创新能力大幅提升。也有部分媒体，如观察者网整理出飞机零部件的供应商，资料显示，除机身外，绝大多数核心零部件多为美法两国和中国的合资公司供应，一时间引发媒体和网民关于国产大飞机是否为组装的质疑和讨论。同时，支持和肯定国产大飞机的网民占4成左右。

2. 英国科学家称使用植物油做饭可致癌

据英国《每日电讯报》11月7日报道，英国科学家称，用玉米油或葵花子油等植物油做饭，可能导致包括癌症在内的多种疾病。科学家推荐使用橄榄油、椰子油、黄油甚至猪油替代普通植物油。

对此，营养学家顾中一表示："我看了下原版新闻，有些地方有夸大误导之嫌。"多数网民质疑动物油比植物油健康的说法，猜测科学家联合商家炒作椰子油。

3. 工信部公布35款不良软件

11月5日，工业和信息化部网站消息，今年三季度，工业和信息化部对40家手机应用商店的应用软件进行技术检测，发现不良软件35款，涉及违规收集使用用户个人信息、恶意"吸费"、强行捆绑推广其他无关应用软件等问题。公布的名单显示，百度浏览器、百度手机助手、捕鱼达人等软件在列。

多数网民表示自己安装过在列的软件，尤其对百度系列产品表示不满和愤怒；也有网民认为这些软件在安卓系统上更容易进行不良操作，所以不用安卓手机；不少网民认为相关部门早该治理不良手机软件。

4. 科学家破解熊猫语言：雄性熊猫求偶时"咩咩"叫

据英国广播公司11月5日报道，在四川一个保护中心历时5年的研究中，研究人员发现，雄性熊猫在求偶的时候会发出像绵羊一样的咩叫声，而雌性则会用"唧唧""喳喳"的类似鸟鸣声，害羞回应。刚出生的熊猫宝宝会用"哇哇"声表示不舒服，用"吱吱"声表示饿了。

多数网民调侃讽刺科学家研究的方向，也有少数网民评论熊猫通过这样的声音表达"挺萌的"。

5. 中消协：超九成电视购物广告涉嫌虚假宣传

11月3日，中国之声《新闻纵横》报道，中消协工作人员以普通消费者的身份于7月到8月对33家卫视购物栏目和12家专业购物频道进行电视购物宣传信息录制,并根据宣传信息现场订购产品并体验售后服务,从售后服务、样品部分指标、宣传信息等方面作出评价。在电视购物宣传信息方面,评价的120条电视购物宣传信息中,有111条不同程度存在涉嫌违反相关法律规定和指导性文件的问题。

消协商品服务监督部副主任皮小林介绍称,相关问题包括:违规介绍药品、性保健用品和丰胸、减肥产品;使用公众人物形象,或者以医生患者名义进行功效宣传,使用极端化、绝对化语言;用叫卖式夸张语调宣传商品;未标明药品广告批准文号;保健食品、化妆品广告使用医疗用语或者易与药品混淆的用语;以新闻报道、百姓故事或科普宣传形式发布宣传信息等。

评论显示,网民多表示习以为常,认为电视购物虚假宣传由来已久已是事实,网民还认为应该严查并采取惩罚措施。

6. 屠呦呦入选年度"科技创新人物"

11月6日,《北京晚报》消息称,由中国科学院和中央电视台共同发起的"2015年度科技创新人物"评选正式候选名单出炉,获得2015年诺贝尔生理学或医学奖的屠呦呦以及凭科幻小说《三体》获得今年世界科幻大会雨果奖的刘慈欣榜上有名。科技创新人物评选活动由中国科学院、中央电视台联合科技部、教育部、中国工程院、中国科协、国家自然基金委和国防科工局共同举办,聚焦年度中国科技领域的重大创新成果,结合专家意见和百姓观点,评选出最具影响力的"年度十大科技创新人物"。

多家媒体采用同标题形式报道,部分网民对刘慈欣因科幻小说《三体》上榜科技创新人物表示意外。

7. 成都海关截获上千只德国活体大蚂蚁

11月3日,新华网报道,10月30日和11月1日,成都空港口岸连续从来自德国的入境快件中截获活蚂蚁。两批次快件均以虚假申报的方式试图"闯关",共内藏1012只活蚂蚁。经初步鉴定,此次从入境快件中截获的蚂蚁为两种,一种为收获蚁,另一种为子弹蚁,是世界上体形极其大的蚂蚁种类之一,常被当作宠物饲养。这两种蚂蚁均为外来物种，在国内缺乏天敌。通过管壁，还可以看细密的水珠状虫卵，表明有部分蚁后已经开始产卵。据了解，蚁后最多时一天可产卵达 2000 多粒，蚁群发展会非常迅速。

网民惊讶居然有人把蚂蚁当宠物；同时有网民通过查询资料发现蚂蚁价格不菲，调侃有钱人真会玩；也有部分网民对这种危害生态的行为表示反对。

三、传播分析

1. 传播载体分布

在本周传播载体分布中，互联网新闻仍是社会舆论的主要途径来源，新闻类占比达 43%。其次为论坛和微信，分别占比 17% 和 15%。

此外，微博占比 10%，纸质媒体和博客占比为 5% 和 7%。APP 新闻占比 3%，占比较小。

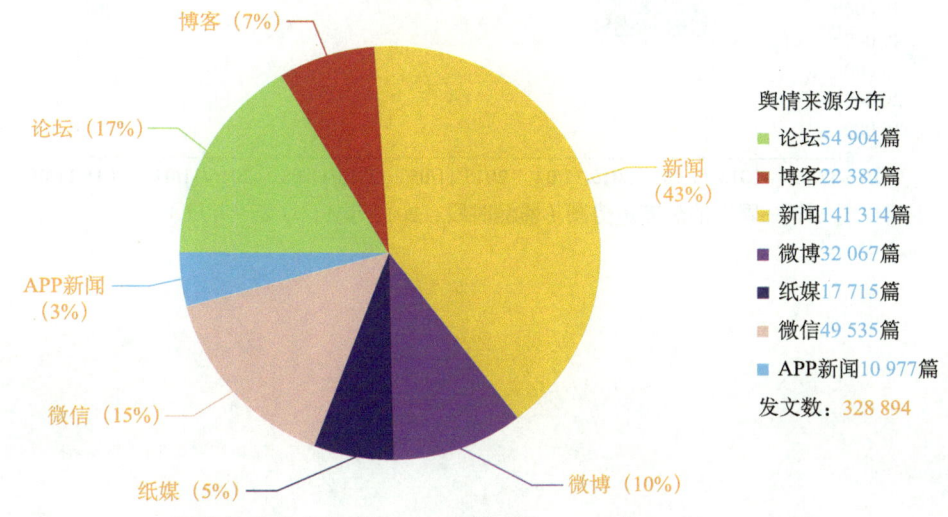

一周舆情载体分布饼状图（监测时段：2015 年 11 月 2～8 日）

舆情来源分布
论坛 54 904 篇
博客 22 382 篇
新闻 141 314 篇
微博 32 067 篇
纸媒 17 715 篇
微信 49 535 篇
APP新闻 10 977 篇
发文数：328 894

2. 载体热度分布

在舆情热度方面，本周总发文量为 328 894 篇。在各传播载体中，新闻量最高，为 141 314 篇；论坛量其次，为 54 904 篇；第三名是微信帖数，为 49 535 篇。七大传播载体的平均发文数为 46 984 篇。

数说科普需求侧

一周舆情热度分布柱状图（监测时段：2015年11月2～8日）

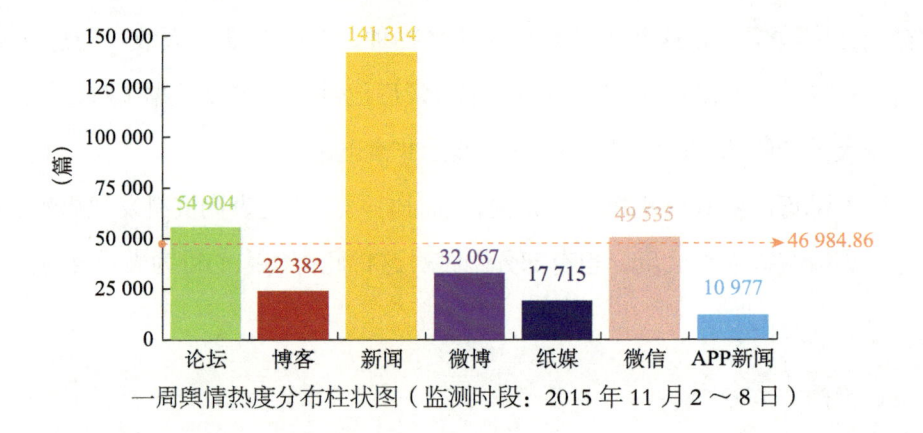

论坛 54 904；博客 22 382；新闻 141 314；微博 32 067；纸媒 17 715；微信 49 535；APP新闻 10 977；平均 46 984.86

3. 舆情热度走势

本周整体舆情热度走势呈逐渐下降的趋势。11月3日最高，为58 913条，11月8日最低。

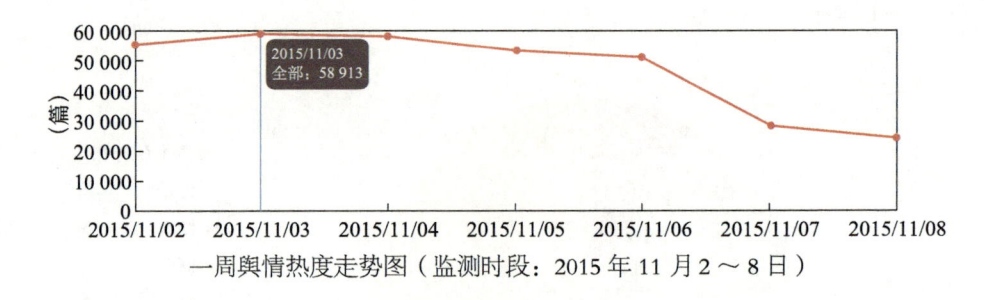

2015/11/03 全部：58 913

一周舆情热度走势图（监测时段：2015年11月2～8日）

科普中国实时探针舆情周报

（2015.11.09 ～ 2015.11.15）

一、热点排行

科普热点排行榜					
排名	热点文章	日期	站点	关键词	阅读量	回复量
1	辽宁多地空气污染"爆表"沈阳 $PM_{2.5}$ 浓度超 1000	11月9日	中国新闻网	环境保护	133 5124	33 487
2	民航业规定客机每 15 分钟需报告位置 防失联重演	11月12日	中国新闻网	航空航天	65 412	15 412
3	最新研究显示：吃生大蒜的男性更吸引女性	11月13日	腾讯网	科学研究	54 511	21 541
4	中国科学家王贻芳团队获基础物理学突破奖	11月9日	央视新闻	科学奖项	52 135	12 121
5	网售奶粉需附中文标签 不合格品借跨境电商入境将被堵	11月9日	《京华时报》	食品安全	35 121	3 541
6	中国科学家研制新石墨烯材料：可自动变形	11月10日	中关村在线	新材料	21 214	1 471
7	屠呦呦将赴诺贝尔奖颁奖典礼	11月13日	《环球时报》	科学奖项	15 412	1 941
8	中国第 32 次南极科学考察队出发	11月9日	荆楚网	科学考察	12 568	1 550

二、热点舆情概述

1.辽宁多地空气污染"爆表" 沈阳 $PM_{2.5}$ 浓度超 1000

11月8日，辽宁鞍山、营口、辽阳、铁岭等多个城市空气质量指数（AQI）超过 500 "爆表"。其中，省会沈阳 $PM_{2.5}$ 浓度一度超过 1000，居当日中国重点城市空气污染首位，市民纷纷戴防毒面具出行。

环保专家分析，东北地区进入供暖期燃煤导致空气中污染物增加，秸秆焚烧也会加剧空气污染。网民对这么高的污染指数感到惊恐，表示会减少出门；

较多网民认为应采用更加环保的风电、太阳能、核电等新能源方式供热取暖，淘汰落后的煤电供暖；更有不少网民讽刺之前环保部关于雾霾因烧秸秆而产生的回应。

2. 民航业规定客机每 15 分钟需报告位置　防失联重演

据外媒 11 月 12 日报道，由联合国国际电信联盟（ITU）召集的世界无线电通信大会（WRC）作出决定，留出一个专门的无线电频率，供卫星跟踪飞机航行线路系统使用。新规要求，民航飞机需要至少每 15 分钟发出一次报告自己所处位置的信号。报道指出，受 2014 年马来西亚航空公司 MH370 航班失踪事件的影响，来自全世界 160 多个国家的代表 11 月 11 日在日内瓦召开的会议上作出了上述决定。

绝大多数网民认为这种方法没有直接报告经纬度和高度来的有效，并讽刺 15 分钟作为标准的时间不科学，认为飞机早已经不知道跑了多远了。

3. 最新研究显示：吃生大蒜的男性更吸引女性

据国外媒体报道，捷克查尔斯大学和英国斯特林大学的研究人员进行的最新研究显示，如果男性想获得女性的芳心，不必使用须后水，而应当吃一些生蒜。科学家发现，男性吃过生蒜之后腋下的汗液将非常吸引女性。

绝大多数网民认为这个结果不可信、不科学，甚至可笑，认为大蒜气味重更容易吓走女性。还有网民调侃自己几乎每顿都吃生蒜，却至今单身。也有不少网民认可该观点，认为适当吃点大蒜对身体有益。

4. 中国科学家王贻芳团队获基础物理学突破奖

11 月 9 日，2016 年"突破奖"颁奖仪式在美国加州圣何塞举行。中国科学家王贻芳作为大亚湾中微子项目的首席科学家获得"基础物理学突破奖"，这也是中国科学家首次获得该奖项。"科学突破奖"（BREAKTHROUGH PRIZES）由俄罗斯富翁尤里·米尔纳领衔资助，单项奖金高达 300 万美元，远超诺贝尔奖，堪称科学界"第一巨奖"。

网民祝贺并称赞科学家团队获奖，认为获奖是中国人的骄傲，还有不少网民调侃科学家王贻芳长得像明星王祖蓝。

5. 网售奶粉需附中文标签　不合格品借跨境电商入境将被堵

近日，国家质检总局发布《网购保税模式跨境电子商务进口食品安全监督管理细则》征求意见稿，今后网购保税进口食品的准入门槛将与传统贸易一致，其中特别对婴幼儿奶粉提出了具体要求。对产品渠道来源不明、没有合格的中文标签、缺乏必要的安全卫生检疫等问题的进口商品被严禁通过跨境电商平台销售。

业内人士认为，该细则若最终实施，将堵住"假洋鬼子奶粉"通过跨境电商渠道进入中国的路径。不少网民评论，国外的奶粉无论如何质量和安全性要比国内奶粉好，还有网民质疑国家借此保护国内奶粉品牌。仅少数网民认为国外奶粉也不安全，相关部门还是需要严格把关食品安全。

6. 中国科学家研制新石墨烯材料：可自动变形

近日，我国的一个研究机构开发出了一种特殊的石墨烯材料。而之所以说它特殊，是因为它可以在不同的温度下做出不同的动作，比如伸展或收缩，甚至旋转，等等。用红外激光照射时，石墨烯纸自动收缩；停止照射后又会自动舒展。

多数网民调侃石墨烯研究已开展多年，并未有实际进展，有点像炒作；少数网民还质疑专家借此骗取科研经费。

7. 屠呦呦将赴诺贝尔奖颁奖典礼

11月13日，据瑞典诺贝尔奖委员会消息人士透露，中国科学家屠呦呦同意参加2015年诺贝尔奖颁奖典礼。此外，和屠呦呦在相同领域做出杰出贡献的中国科学家陈启军应邀将出席颁奖活动并作会议报告。据悉，诺贝尔奖颁奖典礼将于12月10日在瑞典首都斯德哥尔摩音乐厅举办，当天还将在斯德哥尔摩市政厅举办诺贝尔颁奖晚宴。

多数网民认为屠呦呦作为中国科学界的"三无"科学家获奖非常厉害；有部分网民评论："科普下：和中医无关"，引发网民间关于屠呦呦获奖是否和中医有关,以及中医是否科学的争论。

8. 中国第 32 次南极科学考察队出发

11 月 8 日,中国第 32 次南极科考队乘坐"雪龙号"破冰船从上海出发,开始 159 天的南极科考之旅。

武汉商学院连续 6 年向南极科考队派出餐饮管理服务团队,该校烹饪与食品工程学院副院长王辉亚介绍,"在南极一天做四顿饭。""南极食物全靠外来运输,肉类居多,蔬菜很缺乏",他说,经该校教师建议,南极科考站建起了无土培植蔬菜基地,科考队员已能吃上新鲜的小白菜、青椒、西红柿、香菜等菜,很多国外的科考队员常来蹭饭。

"其实,在极地生活最大的敌人是枯燥和寂寞",王辉亚介绍,当时虽然在科考站能上网,但网速特别慢,基本只能聊 QQ,在线看电视是不可能的,但现在网速已经快多了。科考队员最大的消遣就是户外活动,爬山、滑雪、摄影,不能出门的日子就在站里打扑克牌。

网民认为中国厨艺博大精深,中国人好客,让大家品尝中国菜,能增进彼此间的友谊;也有较多网民对中国科考队与国外科考船队进行对比和调侃,部分网民对科考队员的高薪表示羡慕。

三、传播分析

1. 传播载体分布

在本周传播载体分布中,互联网新闻仍是社会舆论的主要途径来源,新闻类占比达 43%。其次为论坛和微信,分别占比 17% 和 15%。

此外,微博占比 9%,纸质媒体和博客占比为 5% 和 8%。APP 新闻占比 3%,占比较小。

2. 载体热度分布

在舆情热度方面,本周总发文量为 306 767 篇。在各传播载体中,新闻量最高,为 132 396 篇;论坛量其次,为 49 296 篇;第三名是微信帖数,为 46 721 篇。七大传播载体的平均发文数为 43 823 篇。

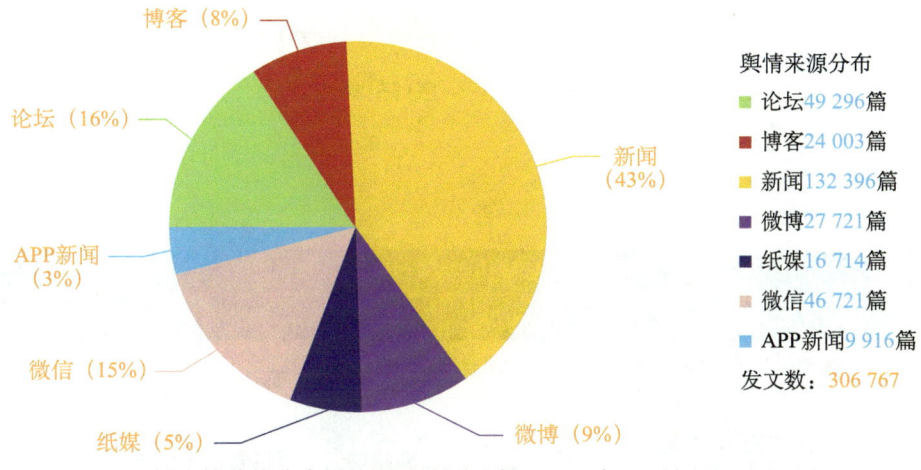

附录二
科普中国实时探针舆情周报

舆情来源分布
- 论坛 49 296 篇
- 博客 24 003 篇
- 新闻 132 396 篇
- 微博 27 721 篇
- 纸媒 16 714 篇
- 微信 46 721 篇
- APP新闻 9 916 篇
- 发文数：306 767

一周舆情载体分布饼状图（监测时段：2015 年 11 月 9～15 日）

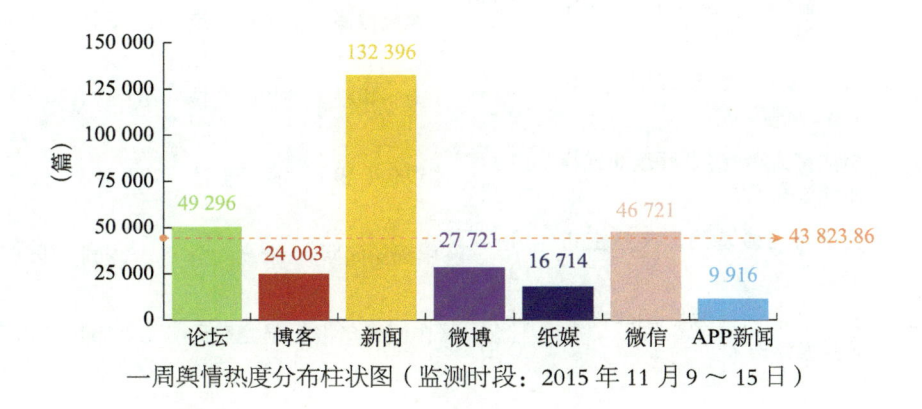

一周舆情热度分布柱状图（监测时段：2015 年 11 月 9～15 日）

3. 舆情热度走势

本周整体舆情热度走势呈逐渐下降的趋势。11 月 9 日最高，为 58 077 条，11 月 15 日最低。

一周舆情热度走势图（监测时段：2015 年 11 月 9～15 日）

科普中国实时探针舆情周报

（2015.11.16～2015.11.22）

一、热点排行

科普热点排行榜

排名	热点文章	日期	站点	关键词	阅读量	回复量
1	环保部揪出东北雾霾两大"病因"：燃煤企业超标排放	11月17日	每日经济新闻	环境保护	102 141	21 214
2	媒体报道南方供暖达成共识 网民担心加重雾霾	11月18日	新华网	环境保护	95 421	32 141
3	世卫驻华代表发表署名文章：呼吁停止抗生素滥用	11月18日	凤凰健康	医药科技	66 214	7 841
4	科学家改写繁殖规则：两颗卵子产健康幼鼠	11月19日	《南华早报》	基因科技	61 541	19 245
5	小伙每天喝近20瓶碳酸饮料血糖过高死亡	11月18日	《现代金报》	医疗健康	51 424	12 154
6	美国批准转基因三文鱼上市遭反对者抗议	11月19日	中国新闻网	食品安全	43 215	5 651
7	贵州"观天巨眼"明年将睁开探索宇宙	11月20日	《中国青年报》	航空航天	22 151	1 021

二、热点舆情概述

1. 环保部揪出东北雾霾两大"病因"：燃煤企业超标排放

近日，环保部连发三篇通报，分别介绍东北、京津冀及周边地区空气质量状况。据介绍，环保部督查组在东北三省的督查中，发现大量环境违法行为，齐齐哈尔市黑龙江黑化集团有限公司、华电能源股份有限公司等多家企业或旗下公司因超标排放被环保部点名。环保部在督查中主要发现了几方面问题：①个别企业未严格落实应急措施要求；②部分燃煤企业存在超标排放、治污设施建设不完善或未正常运行等问题。

网民对环保部的回应依旧持质疑和讽刺态度，并再次搬出环保部上周回应

"雾霾因焚烧秸秆而起"的事件进行调侃。同时，网民强烈呼吁加强对企业违法超标排放的行为进行严惩。不少网民也认为汽车尾气排放是造成雾霾的重要原因之一。

2. 媒体报道南方供暖达成共识　网民担心加重雾霾

11月18日，新华社报道，记者采访发现，随着南方极端天气增多和老百姓生活质量要求的提高，各界对于"南方也要供暖"已达成共识，当前争论的焦点其实是在于"如何供暖"。

多数专家建议，要根据地域特点，合理灵活地选择供热方式，独立自采而非集中供暖。同时，在计量方式上，也不能像以往那样"一刀切"，需要探索更灵活的"分散计量"。与此同时，绝大多数网民则对南方供热会加重雾霾表示深深的担忧，也有很多网民表示如果供暖价格较高则更愿意选择空调取暖。

3. 世卫驻华代表发表署名文章：呼吁停止抗生素滥用

抗生素滥用已经成为世界性难题，为提高各国公众对抗生素问题的认识，世界卫生组织发布调查报告，以警示公众抗生素耐药性的问题。继发布调查报告之后，世界卫生组织驻华代表施贺德博士撰写署名文章《抗生素改变了现代医学　但它们需要我们的保护》，旨在提醒公众抗生素曾让现代医学发生翻天覆地的变化，但抗生素滥用情况如果不加以改善，则有效的抗生素将越来越少，随之而来产生的经济负担将越来越重。

网民表示在经济利益面前，专家的建议对抗生素的使用起不了作用，网民认为应该从源头研发层面来控制；也有不少网民认为目前鸡鸭鱼肉中已经含有较多抗生素。

4. 科学家改写繁殖规则：两颗卵子产健康幼鼠

据香港《南华早报》网站11月18日报道，中国科学院上海生命科学研究院生物化学与细胞生物学研究所的李劲松教授率领的团队，修改了卵生胚胎干细胞的基因，让这些细胞具备精子的功能，之后将这些细胞注入卵子，由此产生一批小老鼠。但研究人员说，他们强烈反对利用这种技术来制造人类后代，因为这会引发严重的伦理和基因问题。

网民纷纷调侃女孩子更难追了,地球将变成女儿国,甚至调侃伦理崩溃,人类将毁灭。同时,不少网民质疑科学家研究方向的实用性。

5. 小伙每天喝近20瓶碳酸饮料　血糖过高死亡

11月18日,一则宁波小伙每天喝20瓶碳酸饮料把自己喝死的消息在朋友圈疯转。记者从宁波市李惠利医院急诊科核实,11月15日下午,该院急诊科接诊了一名20岁小伙,人有将近1.80米,体重达200斤。小伙的静脉血糖高达96.54毫摩尔/升,高出正常人20多倍,第二天因抢救无效遗憾离世。据家属透露,之前小伙子每天喝将近20瓶碳酸饮料,连续喝了三天,直到送医急诊。后来医生了解到,小王有糖尿病家族史,家人起初以为孩子这么年轻,根本没把他和患有糖尿病联系起来,所以对他平日里狂喝碳酸饮料的行为也没有阻止。

不少网民认为父母有较大责任,对小伙一天能喝20瓶饮料表示惊讶,认为还是喝水健康;也有网民调侃饮料也应该像香烟一样标注健康提醒;仅少数网民表示饮料口味不错,适量饮用不必太担心。

6. 美国批准转基因三文鱼上市　遭反对者抗议

中新网11月20日报道,美国食品药品监督管理局(FDA)于当地时间19日批准了一家名为"AquaBounty"科技公司培育的转基因三文鱼,用于人类消费。据悉,这是全球第一种获准供人类食用的基因改造动物,从而为今后更多类似的批准奠定了基础。该项基因三文鱼是大西洋三文鱼里转入了来自奇努克三文鱼的基因,可以使它生长得更快。FDA表示,基于科学结论的分析,转基因三文鱼对于环境是安全的,可以安全食用。

网民对转基因三文鱼的安全性表示担忧,多数认为会影响健康,表示不会食用;还有网民调侃应该请崔永元和方舟子来调查。

7. 贵州"观天巨眼"明年将睁开探索宇宙

11月20日,我国在建的世界最大单口径射电望远镜(FAST)馈源支撑系统成功实现首次升舱。这是 FAST 工程的又一个重要里程碑，标志着馈源支撑系统正式进入六索带载联调阶段。明年 9 月建成后，FAST 将成为"世界第一大望远镜"，其综合性能将在未来 20 年保持世界领先地位。

网民建议给 FAST 取个中文名称，也有网民联想到科幻小说《三体》，还有不少网民为中国的科学技术发展点赞。

三、传播分析

1. 传播载体分布

在本周传播载体分布中，互联网新闻仍是社会舆论的主要途径来源，新闻类占比达 41%。其次为论坛和微信，分别占比 16% 和 15%。

此外，微博占比 9%，纸质媒体和博客占比为 5% 和 9%。APP 新闻占比 4%，占比较小。

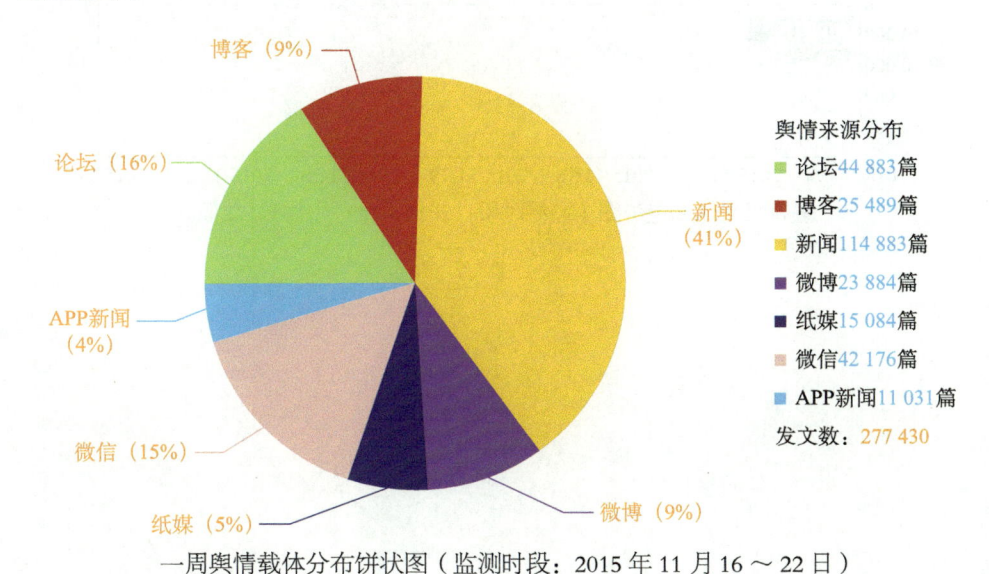

一周舆情载体分布饼状图（监测时段：2015 年 11 月 16 ～ 22 日）

舆情来源分布
- 论坛 44 883 篇
- 博客 25 489 篇
- 新闻 114 883 篇
- 微博 23 884 篇
- 纸媒 15 084 篇
- 微信 42 176 篇
- APP 新闻 11 031 篇
- 发文数：277 430

2. 载体热度分布

在舆情热度方面，本周总发文量为 277 430 篇。在各传播载体中，新闻量最高，为 114 883 篇；论坛量其次，为 44 883 篇；第三名是微信帖数，为 42 176 篇。七大传播载体的平均发文数为 39 632 篇。

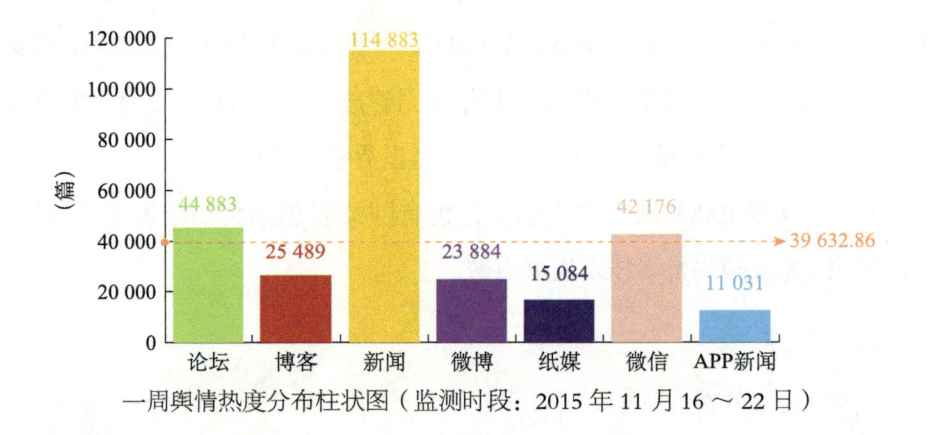

一周舆情热度分布柱状图（监测时段：2015 年 11 月 16～22 日）

3. 舆情热度走势

本周整体舆情热度走势呈逐渐下降的趋势。11 月 16 日最高，为 49 674 条，11 月 22 日最低。

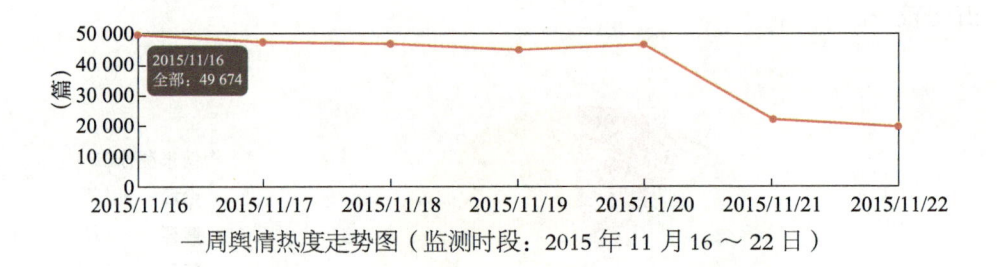

一周舆情热度走势图（监测时段：2015 年 11 月 16～22 日）

科普中国实时探针舆情周报

（2015.11.23～2015.11.29）

一、热点排行

科普热点排行榜						
排名	热点文章	日期	站点	关键词	阅读量	回复量
1	成都巨响因飞机发出"音爆"	11月26日	《新京报》	航空航天	184 111	21 210
2	小伙睡前吃泡面配雪碧 胃部充气膨胀如喷泉	11月24日	《余杭晨报》	食品健康	98 412	31 554
3	世界机器人大会在北京召开	11月23日	腾讯科技	机器人	88 741	15 411
4	全球最大"克隆工厂"落户天津 可复制多种非人动物	11月23日	新华网	克隆技术	66 521	9 871
5	加拿大小姐从香港到三亚选美被拒绝登机 系"法轮功"学员	11月28日	《环球时报》	邪教迷信	56 541	11 021
6	美国签署法案：允许私人进行太空采矿	11月26日	爱航天网	太空探索	43 215	5 651
7	教育部：将严查"毒跑道"责任人	11月26日	人民网	医疗卫生	21 211	4 319

二、热点舆情概述

1. 成都巨响因飞机发出"音爆"

11月26日下午，多名四川成都市区及周边郊区县网民称，天空传来巨响。另有网民称，巨响导致家中门窗震动。晚8时许，成都市人民政府新闻办公室官微通报称，成都飞机工业集团的飞机在成都市西北方向上空进行正常飞行时，突破音障发出音爆。

音爆名词解释：当物体接近音速时，会有一股强大的阻力，使物体产生强烈的振荡，速度衰减，这一现象俗称音障。突破音障时，由于物体本身对空气的压缩无法迅速传播，逐渐在物体的迎风面积累而终形成激波面，在激波面上声学能量高度集中。这些能量传到人的耳朵里时，会让人感受到短暂而极其强烈的爆炸声，称为音爆。

网民普遍对听到的巨大响声表示了惊恐，不少网民还反馈家里窗户玻璃被震碎；同时也有不少网民不相信是音爆产生的声音，认为是爆炸，同时猜测是超音速导弹或者其他武器；但也有不少网民对国家飞机制造技术感到骄傲，理解和支持国家相关工作，同时提醒媒体报道注意信息安全，做好保密工作，防止国外间谍偷窥。

2. 小伙睡前吃泡面配雪碧　胃部充气膨胀如喷泉

近日《余杭晨报》报道，小曹在临睡前吃了两包泡面和两瓶雪碧，次日腹痛难忍。医生给他插了胃管，有大量气体随胃管排出，夹杂着糨糊般的液体和食物残渣。医生称：泡面中的食用胶和碳酸饮料发生作用，产生二氧化碳；且睡眠时胃肠蠕动减慢，致大量气体积聚，严重或致猝死。

多数网民表示好可怕，对自己的饮食表示担忧，庆幸和调侃自己吃了那么多垃圾食品还活着；不少网民质疑是喝雪碧和吃泡面引起，吐槽小曹同时吃两包面喝两瓶雪碧太能吃，可能吃多了；不少网民也提醒大家尽量少吃不健康的垃圾食品。

3. 世界机器人大会在北京召开

2015世界机器人大会于11月23～25日在北京国家会议中心召开，这是一场中外机器人群集的"武林大会"，工业机器人、服务机器人、特种机器人在博览会上争奇斗艳。

网民感慨科技发展迅速，其中能聊天的情感机器人"美女机器人"受到网民的较大关注。网民调侃宅男福利到来，此机器人可以成为女朋友；不少网民也认为"美女机器人"的着装还有待改进。

4. 全球最大"克隆工厂"落户天津　可复制多种非人动物

11月23日，天津开发区管委会近日与英科博雅基因科技（天津）有限公司签署战略合作协议，使全球最大"克隆工厂"落户当地，"克隆工厂"从事优质工具犬、宠物犬、非人灵长类、优质肉牛、顶级赛马等动物的克隆业务，加速实现克隆技术在现代畜牧品种改良中的应用以及特殊疾病模式动物的提供。合作公司已为包括中国在内的全球多个国家提供了550只克隆犬，用于执行机场、海关、警察等特殊任务。

多数网民不赞成这种行为，认为克隆违反自然定律，担心克隆技术应用到人类上，并调侃应该多克隆出些美女；仅少部分网民支持克隆技术的发展，认为应该往好的方向思考。

5. 加拿大小姐从香港到三亚选美被拒绝登机　系"法轮功"学员

11月27日英国广播公司BBC报道称，加拿大华裔世界小姐候选人林耶凡26日试图从香港转机前往三亚参加选美决赛，被拒绝登机。她批评中国是因其参与人权活动阻止她入境的。报道称在中国出生的林耶凡是"法轮功"学员，该组织自20世纪90年代被中国视为有反政府意图的非法政治组织。

《环球时报》评论文章认为，加拿大小姐恶炒"入境被拒"是借西媒自我炒作。同时网民抨击林耶凡的评论也一边倒，不少网民认为其是汉奸，应该永久不允许其入境。不少网民认为国家相关部门也应该及时回应，不给境外势力炒作时机。

6. 美国签署法案：允许私人进行太空采矿

11月26日，美国总统奥巴马签署了《美国商业太空发射竞争法案》，允许私人进行太空采矿。根据该法案，美国任何公民都有权将其发现的太空资源带回地球。虽然其他小行星不可能归属于哪个国家或哪个企业，但如果哪家企业在上面开采出有价值的矿物质，则这些财产就归属于该企业。

多数网民认为美国航天科技发达，领先一步制定了法律法规；也有网民认为美国私自代表地球和宇宙决策，自大与狂妄展露无疑；还有网民认为奥巴马即将卸任，是在刷存在感。

7. 教育部：将严查"毒跑道"责任人

据媒体报道，最近，安徽、河南、江苏、上海和深圳的学校相继发生"毒跑道"事件。塑胶跑道散发异味，影响学生健康。

11月26日，教育部基础教育一司司长王定华在教育部新闻发布会上就近期多地发生"毒跑道"事件表示："对教育行政部门和学校在体育场馆的建设过程中，徇私舞弊，玩忽职守，造成体育场地设施不合格，质量标准降低，甚至出现有毒的情况，要严肃查处相关责任人，绝不手软。"

网民纷纷表示支持严惩责任人，认为事件发生的实质是贪污腐败，矛头直指学校管理层及校长；也有网民对教育部事后回应表示不满，认为教育部本身就有不可推卸的责任；不少网民希望恢复原先绿色环保的跑道。

三、传播分析

1. 传播载体分布

在本周传播载体分布中，互联网新闻仍是社会舆论的主要途径来源，新闻类占比达40%。其次为论坛和微信，分别占比18%和13%。

此外，微博占比9%，纸质媒体和博客占比为5%和11%。APP新闻占比4%，占比较小。

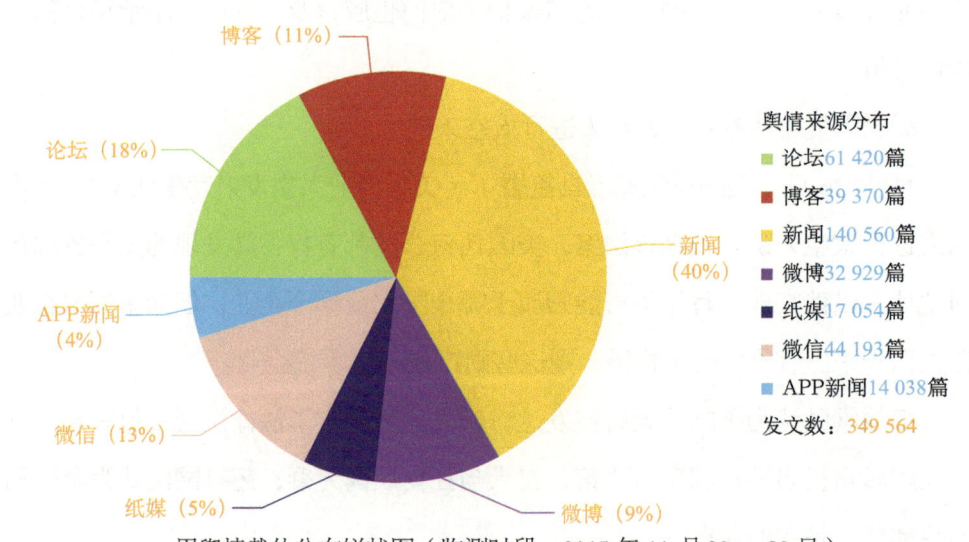

舆情来源分布
- 论坛61 420篇
- 博客39 370篇
- 新闻140 560篇
- 微博32 929篇
- 纸媒17 054篇
- 微信44 193篇
- APP新闻14 038篇

发文数：349 564

一周舆情载体分布饼状图（监测时段：2015年11月23～29日）

2. 载体热度分布

在舆情热度方面，本周总发文量为 349 564 篇。在各传播载体中，新闻量最高，为 140 560 篇；论坛量其次，为 61 420 篇；第三名是微信帖数，为 44 193 篇。七大传播载体的平均发文数为 49 937 篇。

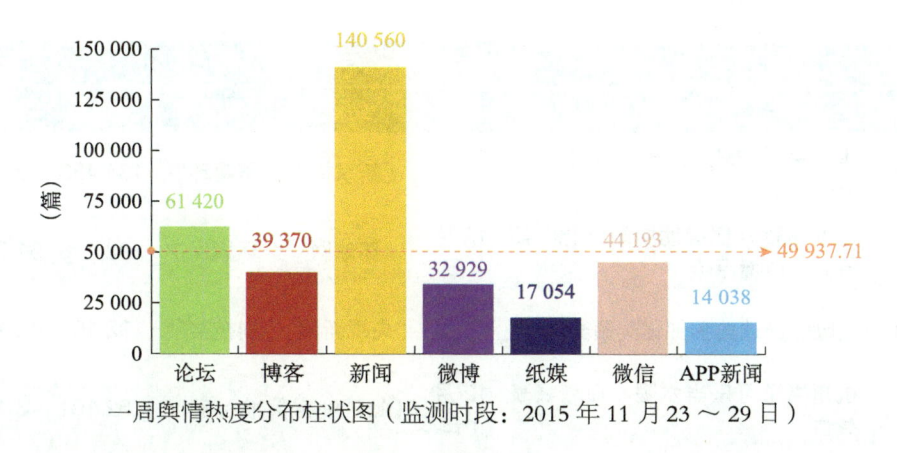

一周舆情热度分布柱状图（监测时段：2015 年 11 月 23～29 日）

3. 舆情热度走势

本周整体舆情热度走势呈逐渐下降的趋势。11 月 26 日最高，为 61 193 条，11 月 29 日最低。

一周舆情热度走势图（监测时段：11 月 23～29 日）

科普中国实时探针舆情周报

（2015.11.30～2015.12.06）

一、热点排行

<table>
<tr><td colspan="6" align="center">科普热点排行榜</td></tr>
<tr><td>排名</td><td>热点文章</td><td>日期</td><td>站点</td><td>关键词</td><td>阅读量</td><td>回复量</td></tr>
<tr><td>1</td><td>华北多地 PM$_{2.5}$ 爆表 北京单站近千</td><td>11月30日</td><td>《新京报》</td><td>雾霾环境</td><td>134 453</td><td>32 121</td></tr>
<tr><td>2</td><td>日本出资5亿援助中国绿化 期待减少越境污染</td><td>12月4日</td><td>环球网</td><td>环境保护</td><td>102 118</td><td>51 541</td></tr>
<tr><td>3</td><td>屠呦呦赴瑞典参加诺奖颁奖</td><td>12月4日</td><td>央视新闻</td><td>科技奖项</td><td>92 151</td><td>42 151</td></tr>
<tr><td>4</td><td>杭州男子可乐当水喝 血糖爆表身亡</td><td>12月1日</td><td>《钱江晚报》</td><td>食品健康</td><td>52 191</td><td>13 151</td></tr>
<tr><td>5</td><td>男子让女儿吃斗米虫治疗厌食症</td><td>11月30日</td><td>《现代金报》</td><td>民间偏方</td><td>21 345</td><td>5 512</td></tr>
<tr><td>6</td><td>国家食药监局：超市转基因生鲜食品须显著标示</td><td>12月5日</td><td>《北京青年报》</td><td>转基因</td><td>7 751</td><td>2 121</td></tr>
<tr><td>7</td><td>深圳马拉松选手猝死</td><td>12月5日</td><td>《武汉晚报》</td><td>运动健康</td><td>5 215</td><td>1 921</td></tr>
</table>

二、热点舆情概述

1. 华北多地 PM$_{2.5}$ 爆表 北京单站近千

11月27日开始，华北多地雾霾已持续多天，雾霾面积一度扩大到53万平方千米，程度之重创今年最高纪录。11月30日当天北京35个监测站中有23个达六级严重污染，北京单站PM$_{2.5}$小时浓度最高超过900微克/米^3。

网民观点倾向极度负面，类似"没有雾霾的天气，首都人民已经不习惯了"比比皆是，甚至有网民做了不少讽刺诗，网民已从单纯的表达负面情绪转变到调侃、吐槽、讽刺。少数网民发表环保部门应该治理雾霾和期待蓝天的言论。

2. 日本出资 5 亿援助中国绿化　期待减少越境污染

日本政府 12 月 3 日表示，为援助在中国进行植树造林的民间团体向"日中绿化交流基金"提供接近 100 亿日元（约合 5.2 亿元人民币）的资金支持。据悉，从 1999 年开始，由时任首相小渊惠三提议设立总额约 100 亿日元（约合 5.2 亿元人民币）的"日中绿化交流基金"，为日本民间团体援助中国植树造林项目提供经费。每年植下约 1000 万棵树，总面积达 65 000 公顷。日本媒体称日本政府期待该项目能降低来自中国的"越境污染"。

多数网民感谢日本，认为此举为我国的绿化举措和环保措施帮了一个大忙，我们要向日本学习环境保护的意识。也有不少网民认为，相比之下日本侵华战争对中华文明的破坏、造成的损失是难以估量的。部分网民讽刺中国不缺这 5 亿元人民币，仅援助非洲就达 600 亿美元，以此表达不满国家对环保投入不够的情绪。

3. 屠呦呦赴瑞典参加诺奖颁奖

应诺贝尔奖委员会邀请，中国科学家屠呦呦 12 月 4 日启程赴瑞典斯德哥尔摩，于当地时间 12 月 7 日进行《青蒿素的发现：传统中医献给世界的礼物》主题演讲，10 日参加诺贝尔奖颁奖典礼。12 月 5 日媒体报道，屠呦呦乘机飞往瑞典，参加诺贝尔奖颁奖。国家卫计委官员等前往送机。

两万多网民为屠呦呦的低调点赞，表达敬佩之情。

4. 杭州男子可乐当水喝　血糖爆表身亡

12 月 1 日，《钱江晚报》报道，杭州萧山区中医院收治了一位 40 岁的中年男子，他把可乐当水喝，送到医院时血糖已经"爆表"，静脉血糖高达 146.25 毫摩尔/升，是正常人空腹血糖的 30 多倍，最终抢救无效死亡。

《南方都市报》、央视新闻、每日经济新闻等多家主流媒体转载报道，并在官微转发提醒大家饮料不能当水喝，无糖低糖饮料同样不能替代水。多数网民认为饮料不健康，不宜当水喝；也有近半网民不以为然，认为媒体宣传不科学、不深入，没有侧重报道患者死于糖尿病酮症酸中毒的事实，控制适量饮用没有大碍；同时，不少网民对事件表示了惊恐和担忧，表示会少喝或不再喝碳酸饮料。

5. 男子让女儿吃斗米虫治疗厌食症

11月30日媒体报道，宁波北仑刘先生10岁的女儿得了厌食症，刘先生委托大伯抓了几条斗米虫炖蛋给女儿补补。在夫妻俩强烈要求下，害怕的女儿把炖蛋吃了，剩下两条虫子怎么都不肯吃。刘先生觉得扔了可惜，就自己吃了下去，评价称此虫的口感还好。

很多80后的网民表示，小时候吃过类似的虫子，且反馈有效果，油炸的味道更好；对要在医生的指导下才能食用的说法，有网民表示了讽刺；部分网民建议大家平常多运动，喝点酸奶或者通过其他健康的方式治疗厌食；少数网民表示惊恐和恶心。

6. 国家食药监局：超市转基因生鲜食品须显著标示

国家食药监局日前发布《超市生鲜食品包装和标签标注管理规范（征求意见稿）》，对超市自设的生鲜食品的包装和标签进行了严格规范。主要内容包括：不得以包装日期代替生产日期，转基因生鲜食品应在标签显著位置作标注等。

多数网民认为转基因食品不仅应标注，而且应该专柜销售，避免消费者误买误食，专柜外销售严惩不贷；不少网民对后续的实施、检查、监管、考核等提出了一系列问题，认为关键在于执行。

7. 深圳马拉松选手猝死

2015深圳国际马拉松比赛组委会12月5日宣布，一名33岁男子在当日参加半程马拉松比赛时突然倒地，抢救无效去世。运动专家建议，参加马拉松运动时应根据身体情况进行适当调整，当心肺功能和肌肉力量处在最低点时，应减速慢跑；如果体力不支，建议退出比赛或走完全程。

中山市人民医院院长袁勇表示：猝死极易发生在青壮年群体中。猝死往往是突发的，很难预见，因此也难以预防。临床上这种运动过程中突发猝死的病例并不少见。"运动后猝死，运动只是死亡的诱发原因，归根结底，猝死主要是由心脏问题引起的，大多属于心源性猝死，还有一些是没有明确的发病原因。"

媒体和微博大V在微博上科普避免马拉松猝死再发生及预防措施；多数网民认为锻炼也要适当，没有受过系统训练的应慎重参加马拉松；也有不少网民对猝死的队员表示惋惜。

三、传播分析

1. 传播载体分布

在本周传播载体分布中，互联网新闻仍是社会舆论的主要途径来源，新闻类占比达42%。其次为论坛和微博，分别占比17%和11%。

此外，微信占比10%，纸质媒体和博客占比为5%和10%。APP新闻占比4%，占比较小。

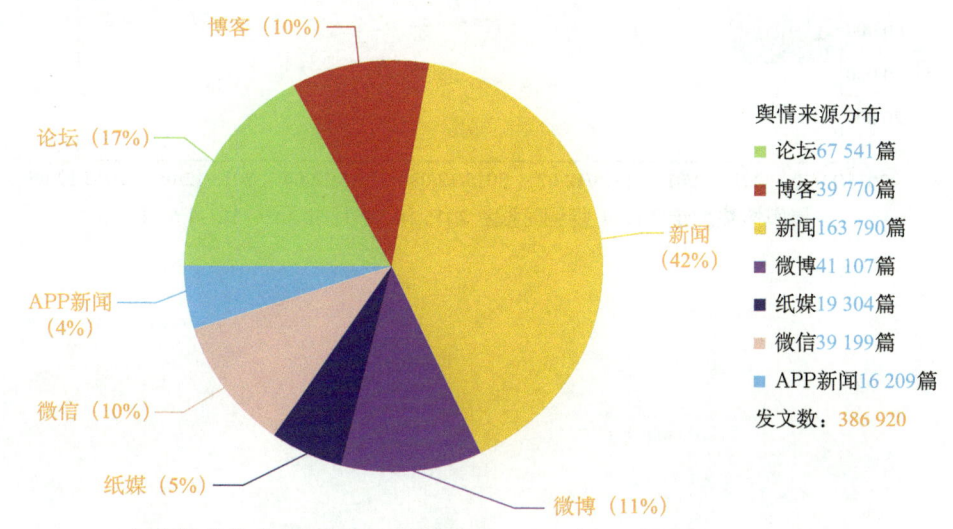

舆情来源分布
- 论坛 67 541 篇
- 博客 39 770 篇
- 新闻 163 790 篇
- 微博 41 107 篇
- 纸媒 19 304 篇
- 微信 39 199 篇
- APP新闻 16 209 篇
- 发文数：386 920

一周舆情载体分布饼状图（监测时段：2015年11月30日~12月6日）

2. 载体热度分布

在舆情热度方面，本周总发文量为386 920篇。在各传播载体中，新闻量最高，为163 790篇；论坛量其次，为67 541篇；第三名是博客帖数，为39 770篇。七大传播载体的平均发文数为55 274篇。

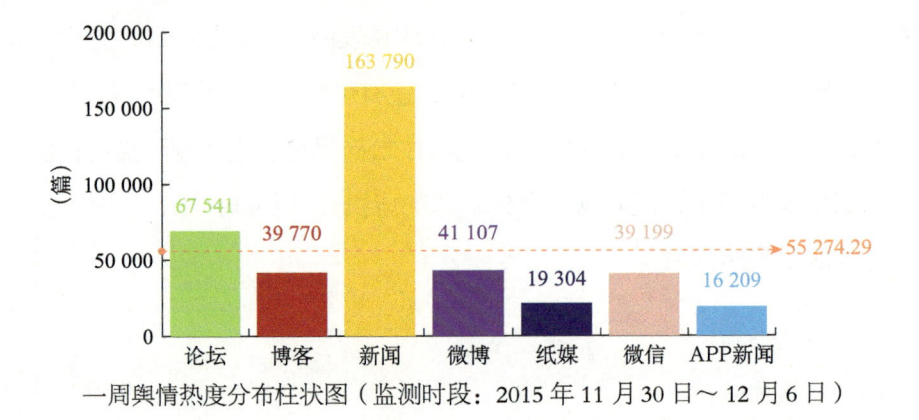

一周舆情热度分布柱状图（监测时段：2015 年 11 月 30 日～12 月 6 日）

3. 舆情热度走势

本周整体舆情热度走势呈逐渐下降的趋势。11 月 30 日最高，为 69 508 条，12 月 6 日最低。

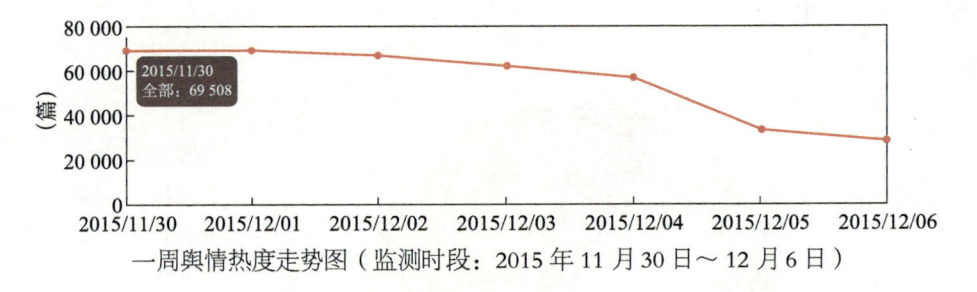

一周舆情热度走势图（监测时段：2015 年 11 月 30 日～12 月 6 日）

科普中国实时探针舆情周报

（2015.12.07～2015.12.13）

本报告由中国科协科普部、新华网、中国科普研究所联合发布

一、热点排行

科普热点排行榜

排名	热点文章	日期	站点	关键词	阅读量	回复量
1	屠呦呦领取诺贝尔奖	12月7日	《现代金报》	诺贝尔奖	135 411	35 165
2	重庆溶洞现百斤野生娃娃鱼 年龄或超200岁	12月11日	中国新闻网	自然生物	121 419	42 514
3	北京首次启动空气重污染红色预警	12月8日	《环球时报》	空气雾霾	95 488	25 456
4	"张铁林坐床上师"白玛奥色为假活佛	12月8日	《新京报》	宗教活佛	68 741	12 541
5	第21届联合国气候变化大会通过《巴黎协定》	12月13日	头条新闻	气候大会	54 151	7 541
6	中国首条中低速磁浮铁路铺架完毕	12月9日	《人民日报》	磁悬浮	32 151	5 415

二、热点舆情概述

1. 屠呦呦领取诺贝尔奖

12月10日，在瑞典首都斯德哥尔摩音乐厅举行的2015年诺贝尔奖颁奖仪式上，中国科学家屠呦呦领取诺贝尔生理学或医学奖。时隔两个月，屠呦呦再次成为微信朋友圈刷屏热点。12月12日晚，相关文章中转发率最高的、最让大家感动的是名为《感谢青蒿，感谢四个人》的获奖致辞，最后被媒体证实为伪造，其真实的内容为屠呦呦在卡罗林斯卡医学院的主题演讲，题为《青蒿素的发现：传统中医献给世界的礼物》。

多数网民对网上流传的伪造版获奖致辞不知情，认为写得比较感人；对于

屠呦呦获得诺贝尔奖，网民们纷纷为她欢呼点赞，并向真正的科学家表示致敬，认为屠呦呦极大地为国家争了光，并为此感到自豪；也有较多网友依旧关注中国的院士制度，建议学术与行政脱离；另有网友称奖金相对过少，建议国家对其进行重奖。

2. 重庆溶洞现百斤野生娃娃鱼 年龄或超 200 岁

近日，在重庆市一溶洞内发现一条巨形野生娃娃鱼，体长 1.4 米，重约 104 斤，专家初测其年龄可能超过两百岁。娃娃鱼是国家二级保护动物，目前，这条巨型娃娃鱼已被转移到专门地点实施保护，并将针对它开展科研工作。

很多网民卖萌调侃"宝宝在洞里活得好好的，把我带出来干吗？"，对娃娃鱼被带出溶洞后的生存表示较大担忧，对科学家的科研方向表示质疑，强烈建议将娃娃鱼放回溶洞。部分网友还认为娃娃鱼的长相比较恐怖。

3. 北京首次启动空气重污染红色预警

12 月 7 日 18 时，北京市应急办发布，空气重污染预警等级由"橙色"提升为"红色"，即全市于 8 日 7 时至 10 日 12 时启动空气重污染红色预警措施，这也是北京市首次启动空气重污染红色预警。此次启动了空气污染应急制度中等级最高的措施，当中包括"建议中小学、幼儿园全部停课""全市机动车单双号限行"等一系列措施。

多数网民对官方发布红色预警的速度表示质疑，认为雾霾程度早已达到红色预警。《环球时报》头版头条发文《北京"红色预警"引世界热议》，其副标题为"首次拉响最高级别警报，被赞展现治理雾霾决心"，引发微博网民和意见领袖的强烈质疑和不满。同时，有劳动法专家表示，目前我国对户外工作缺乏行业标准，当雾霾达到何种浓度时应停止户外作业，这些缺乏相应的规范。

4. "张铁林坐床"上师白玛奥色为假活佛

香港《商报》网站 12 月 7 日报道，白玛奥色今年 10 月在香港会展中心为演员张铁林举行坐床仪式，引起信众和网民质疑。他其后对外自称，是四川噶陀寺的直美信雄法王及莫扎法王认证他为活佛。噶陀寺发表声明，指从未授予白玛奥色任何转世活佛的认证书。

自 11 月 30 起，新京报微信公号连发 7 篇独家报道，质疑白玛奥色吴达镕的"活佛"身份，并调查其是否通过宗教牟利。12 月 8 日，白玛奥色在其个人微博发声明道歉，并称从即日起辞去所有职务、头衔、荣誉和认证，"潜心修行、利乐有情"。

网民舆论几乎一边倒，大家不赞成白玛奥色和张铁林的相关行为，还调侃两位演着演着连自己都信了；也有较多网民认为国家目前对活佛的管理工作不到位，建议加强对活佛的认证、管理和信息公开。

5. 第 21 届联合国气候变化大会通过《巴黎协定》

巴黎时间 12 日晚，《联合国气候变化框架公约》近 200 个缔约方一致同意通过《巴黎协定》。各方将加强对气候变化威胁的全球应对，把全球平均气温较工业化前水平升高控制在 2℃ 之内，并为把升温控制在 1.5℃ 之内而努力。

中国气候变化事务特别代表解振华在大会发言中呼吁各方积极落实巴黎会议成果。多数媒体认为，《巴黎协定》成全球合作典范，具有里程碑意义。同时一些分析师指出，虽然此协定并不完美，但不妨碍它将全球气候治理进程向前大大推进一步。在搭建起凝聚广泛共识的基本框架后，很多细节工作和具体落实可以留到未来。

多数网民认为关键在于各国的执行；不少网民对部分微博不能进行评论表示不满；同时，较多网民的评论指向近期我国大范围的雾霾天气。

6. 中国首条中低速磁浮铁路铺架完毕

12 月 8 日，由中铁第四勘察设计院集团有限公司（铁四院）设计施工承包的湖南长沙中低速磁浮铁路工程全线疏散平台铺架完毕，将于近期开通试运行。长沙中低速磁浮铁路是中国首条自主研发的磁悬浮线。

磁浮列车是一种靠磁的吸力和排斥力来推动的列车，其轨道的磁力使之悬浮在空中，行走时无须接触地面。相较普通轮轨列车与高速磁浮，中低速磁浮列车具有磨损小、噪声低、振动小、建设及运营成本低等特点，是没有尾气排放的绿色交通工具。

多数网民对新技术的应用点赞，希望可以早日通车；也有网民质疑磁悬浮列车的总体成本高、隐性辐射大、技术发展慢，应该被淘汰；同时，有不少网民在评论中吐槽春运网上购票难，希望先解决购票问题。

三、传播分析

1. 传播载体分布

在本周传播载体分布中，互联网新闻仍是社会舆论的主要途径来源，新闻类占比达 34%。其次为论坛和博客，分别占比 22% 和 19%。

此外，微博、微信占比 9%，纸质媒体和 APP 新闻占比 4%，占比较小。

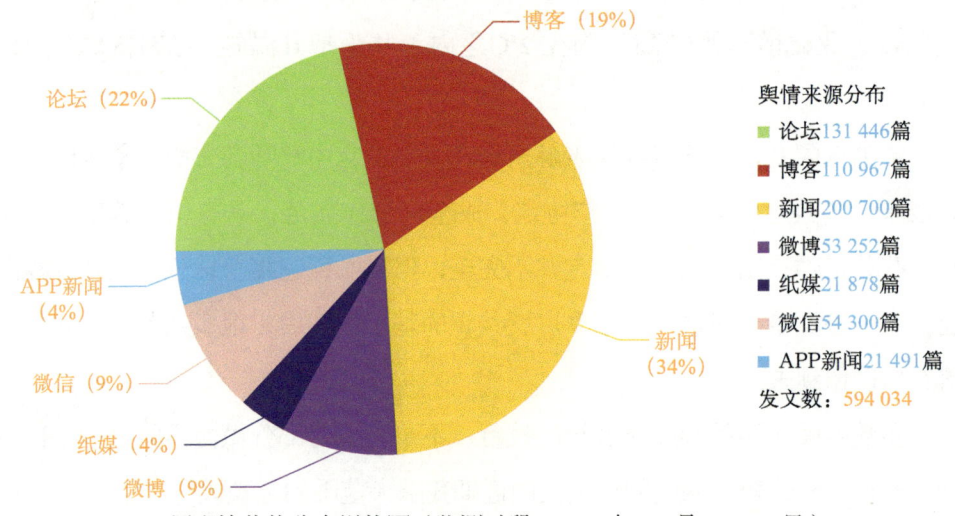

一周舆情载体分布饼状图（监测时段：2015 年 12 月 7～13 日）

舆情来源分布
- 论坛 131 446 篇
- 博客 110 967 篇
- 新闻 200 700 篇
- 微博 53 252 篇
- 纸媒 21 878 篇
- 微信 54 300 篇
- APP新闻 21 491 篇
- 发文数：594 034

2. 载体热度分布

在舆情热度方面，本周总发文量为 594 034 篇。在各传播载体中，新闻量最高，为 200 700 篇；论坛量其次，为 131 446 篇；第三名是博客帖数，为 110 967 篇。七大传播载体的平均发文数为 84 862 篇。

一周舆情热度分布柱状图（监测时段：2015 年 12 月 7～13 日）

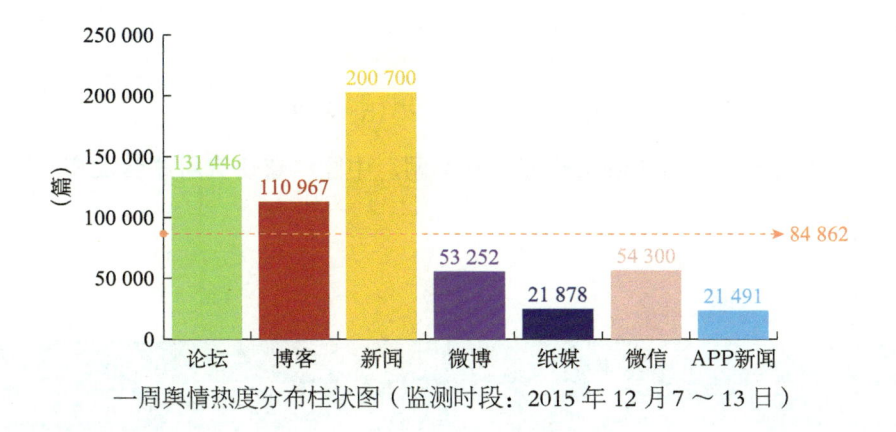

3. 舆情热度走势

本周整体舆情热度走势平稳。12 月 11 日最高，为 135 471 条，12 月 13 日最低。

一周舆情热度走势图（监测时段：2015 年 12 月 7～13 日）

科普中国实时探针舆情周报

（2015.12.14～2015.12.20）

本报告由中国科协科普部、新华网、中国科普研究所联合发布

一、热点排行

<table>
<tr><th colspan="7">科普热点排行榜</th></tr>
<tr><th>排名</th><th>热点文章</th><th>日期</th><th>站点</th><th>关键词</th><th>阅读量</th><th>回复量</th></tr>
<tr><td>1</td><td>深圳一工业园山体滑坡</td><td>12月20日</td><td>腾讯新闻</td><td>事故救援</td><td>295 417</td><td>85 111</td></tr>
<tr><td>2</td><td>世界互联网大会在乌镇举行</td><td>12月16日</td><td>头条新闻</td><td>科技峰会</td><td>150 214</td><td>11 983</td></tr>
<tr><td>3</td><td>海军东海舰队飞机训练中失事</td><td>12月18日</td><td>新华网</td><td>军事航空</td><td>95 841</td><td>19 871</td></tr>
<tr><td>4</td><td>北京再次发布空气重污染红色预警</td><td>12月18日</td><td>财经网</td><td>雾霾污染</td><td>77 841</td><td>18 741</td></tr>
<tr><td>5</td><td>我国成功发射首颗暗物质粒子探测卫星</td><td>12月17日</td><td>中国证券网</td><td>航空航天</td><td>35 415</td><td>9 745</td></tr>
<tr><td>6</td><td>Apple Pay 将正式入华</td><td>12月18日</td><td>新浪科技</td><td>前沿科技</td><td>21 541</td><td>7 751</td></tr>
</table>

二、热点舆情概述

1. 深圳一工业园山体滑坡

12月20日，广东深圳市光明新区凤凰社区恒泰裕工业园发生山体滑坡，附近西气东输管道发生爆炸。截至12月21日6时，共有91人失联。另据国土资源部官微通报称，初步查明深圳光明新区垮塌体为人工堆土，原有山体没有滑动。人工堆土垮塌的地点属于淤泥渣土受纳场，主要堆放渣土和建筑垃圾，由于堆积量大、堆积坡度过陡，导致失稳垮塌，造成多栋楼房倒塌。

网络评论负面倾向较重，多数网民强烈谴责这起因人为而非天灾导致的事故，认为相关部门及负责人应该被严惩；同时不少网民为遇难者默哀和表示同

情；部分网民建议抓紧救援，做好防范工作，避免发生次生灾害。

2. 世界互联网大会在乌镇举行

12月16～18日，为期三天的世界互联网大会在乌镇举行，国家主席习近平、各国政要、国内外互联网公司大咖参加了峰会。各方嘉宾围绕"互联互通·共享共治——构建网络空间命运共同体"主题，就全球互联网治理等诸多议题进行了探讨交流。

媒体对于国家主席习近平参加大会关注度较高，各大主流新闻门户均设有相关专题，发布多篇报道；网民则更加倾向于对互联网大咖的关注；网民赞扬互联网给生活带来的便利，同时对目前国内的网络管制也表示一定的不满。

3. 海军东海舰队飞机训练中失事

12月18日，海军新闻发言人梁阳表示，海军东海舰队1架飞机17日晚在执行跨昼夜飞行训练时发生飞行事故，2名飞行员跳伞成功，生命安全。这架飞机坠毁于浙江省温岭市泽国镇连树村附近区域，没有造成其他附带损害。

观察者网早前报道，坠毁飞机系双座型歼-10战斗机，根据照片判断，坠毁的歼-10战斗机属我军东海舰队海军航空兵某部，失事的战机使用的是俄罗斯生产的AL-31FN发动机。

多数网民认为飞行员和地面上的人平安无事就好，飞机可以再造，人死无法复生，飞行员比机器更宝贵；也有网民认为飞机采用俄罗斯的发动机，侧面证明国外的发动机不一定比国内的好，还有网民认为媒体过于强调俄罗斯发动机另有目的；部分网民觉得目前飞行员训练的强度和频率高容易出事故，飞行员的技术也有待提高。

4. 北京再次发布空气重污染红色预警

12月18日7时，北京市空气重污染应急指挥部发布了今年入冬以来第二个红色预警。从12月19日7时持续至12月22日24时，北京市将启动空气重污染红色预警措施。与上次提前一晚由橙色升级为红色预警不同，此次空气重污染红色预警实现了提前 24 小时发布。

头条新闻、财经网、《新京报》《环球时报》等多家媒体在官方微博上转载报道相关信息，但网民关注度和评论热度相比第一次红色预警有所下降。多数网民对雾霾天气已开始表示无奈，并不断调侃发改委油价不降也是因为雾霾引起；部分家长和学生认为雾霾期间停课打乱生活节奏带来诸多不便。

5. 我国成功发射首颗暗物质粒子探测卫星

12 月 17 日 8 时 12 分，酒泉卫星发射中心用"长征二号丁"运载火箭成功将暗物质粒子探测卫星"悟空"发射升空，卫星顺利进入预定转移轨道。暗物质和暗能量被科学家称为"笼罩在 21 世纪物理学上的两朵乌云"。目前，中国和世界各国已着手筹建或实施多个暗物质探测实验项目，其研究成果可能带来基础科学领域的重大突破。

多数网民认为，将卫星命名为"悟空"不仅形象而且接地气；同时，大家为我国的航空航天技术的发展感到自豪；也有部分网民对网络上总是抨击自己国家技术的网络"喷子"表示不满；不少网民还表示对暗物质了解较少。

6. Apple Pay 将正式入华

12 月 18 日，Apple 和中国银联正式宣布合作，Apple Pay 移动支付服务将正式登陆中国。银联卡持卡人届时通过银联云闪付技术，可使用 iPhone、Apple Watch 以及 iPad 进行交易支付。媒体认为，第三方支付企业可能面临被 Apple Pay 大量替代的风险，而多数网民则认为目前支付宝和微信支付很方便，会继续使用。

三、传播分析

1. 传播载体分布

在本周传播载体分布中，互联网新闻仍是社会舆论的主要途径来源，新闻类占比达 37%。其次为论坛和博客，分别占比 20% 和 19%。

此外，微信占比 10%，微博占比 7%，纸质媒体和 APP 新闻均占比 4%，占比较小。

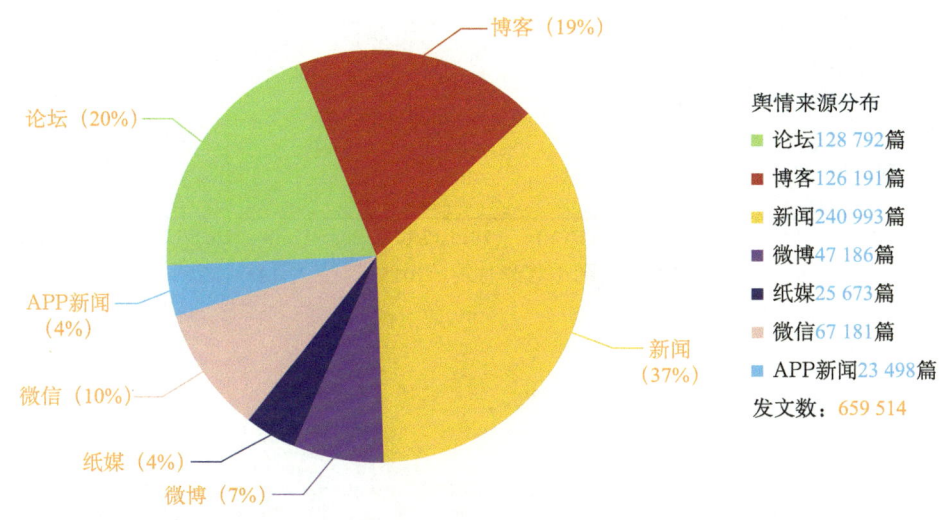

附录二
科普中国实时探针舆情周报

舆情来源分布
- 论坛 128 792 篇
- 博客 126 191 篇
- 新闻 240 993 篇
- 微博 47 186 篇
- 纸媒 25 673 篇
- 微信 67 181 篇
- APP新闻 23 498 篇

发文数：659 514

一周舆情载体分布饼状图（监测时段：2015年12月14～20日）

2. 载体热度分布

在舆情热度方面，本周总发文量为 659 514 篇。在各传播载体中，新闻量最高，为 240 993 篇；论坛量其次，为 128 792 篇；第三名是博客帖数，为 126 191 篇。七大传播载体的平均发文数为 94 216 篇。

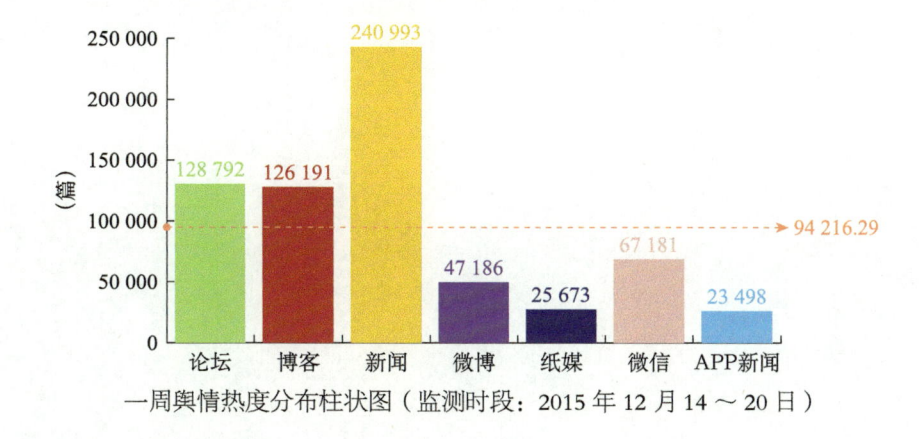

一周舆情热度分布柱状图（监测时段：2015年12月14～20日）

3. 舆情热度走势

本周整体舆情热度走势平稳向下。12月15日最高，为 153 683 条，12月20日最低。

数说科普需求侧

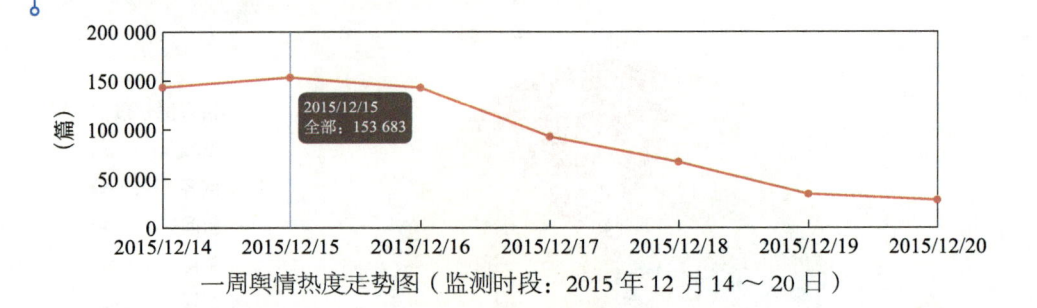

一周舆情热度走势图（监测时段：2015年12月14～20日）

科普中国实时探针舆情周报

（2015.12.21 ～ 2016.1.3）

本报告由中国科协科普部、新华网、中国科普研究所联合发布

一、一周舆情概述

本双周，科普领域总发文量为 1 040 415 篇，新闻平台发文量占比近半。受"全国雾霾天气"和"美国 SpaceX 公司成功回收'猎鹰 9 号'"热点事件影响，舆情走势总体震荡波折，2015 年 12 月 30 日为舆情最高点。

美国 SpaceX 公司成功回收火箭催化航空航天类话题发酵，网民对于民间制造出大飞机、国内歼十飞机事故原因、我国发射高分卫星等事件的兴趣和讨论持续上升。"东方之星"号客轮翻沉事件调查报告公布，事故被认定为特别重大灾难性事件，除追责和哀悼外，再一次引发大家对于重大事故中的逃生、自救技能、常识等话题的讨论和思考。同时，舆论对于雾霾话题的关注也进入新的阶段，网民期待政府在治理雾霾上有更多的实际行动，而不是简单的"等风来"。

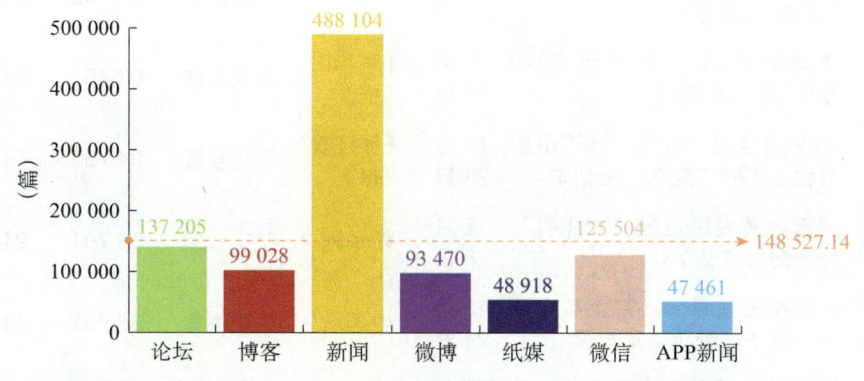

平台	篇数
论坛	137 205
博客	99 028
新闻	488 104
微博	93 470
纸媒	48 918
微信	125 504
APP新闻	47 461

平均值：148 527.14

一周舆情热度分布柱状图（监测时段：2015 年 12 月 21 日～ 2016 年 1 月 3 日）

数说科普需求侧

一周舆情热度走势图（监测时段：2015年12月21日～2016年1月3日）

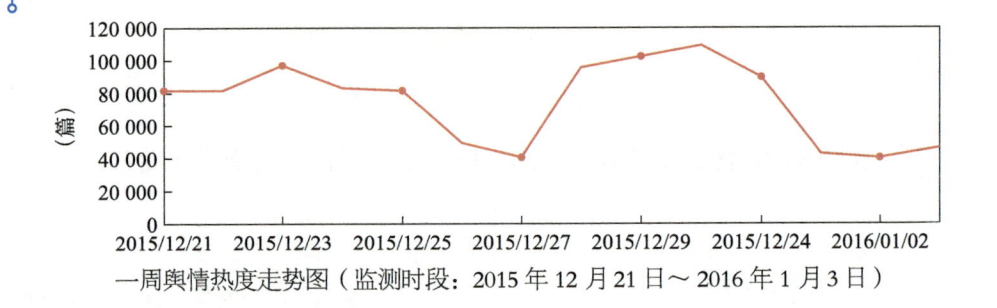

二、热点排行

排名	热点文章	日期	站点	关键词	阅读量	回复量
1	"东方之星"号客轮翻沉事件调查报告公布 属特别重大灾难性事件	12月29日	《京华时报》	事故救援	306 871	215 410
2	美国SpaceX公司成功回收"猎鹰9号"火箭创历史	12月22日	凤凰科技	航天技术	245 125	151 214
3	网曝新型诈骗方式：回复HK+卡号 手机SIM卡将被复制	1月2日	央广网	新型诈骗	105 941	39 820
4	东海舰队歼-10飞机失事因发动机撞到绿头鸭	12月27日	央视网	航空事故	100 551	54 789
5	广电总局将强制推广普及TVOS2.0系统	12月28日	中国经济网	互联网+	68 745	35 484
6	京津冀给$PM_{2.5}$划红线：2020年比2013年降四成	12月31日	《京华时报》	大气雾霾	68 451	21 584
7	18岁女生骑"死飞"摔下山崖身亡 不知"死飞"无刹车	12月28日	《钱江晚报》	事故救援	64 751	44 351
8	河南内黄农民自制"大飞机" 外形酷似波音737	12月28日	新华网	航空航天	58 791	21 541
9	计划生育法草案：禁止买卖精子、卵子、受精卵及代孕	12月21日	中国网	生殖生育	58 451	44 121
10	国家林业局回应雾霾增多与三北防护林有关：缺乏科学依据	12月30日	《新京报》	大气雾霾	51 411	11 251
11	央行松绑远程开户 银行"刷脸时代"渐行渐近	12月28日	腾讯科技	科学技术	35 484	1 181

续表

排名	热点文章	日期	站点	关键词	阅读量	回复量
12	内蒙古现"日柱"景观	12月30日	财经网	自然奇观	35 461	9 915
13	长1米69黄唇鱼现身浙江温岭 身价上百万元	12月29日	《钱江晚报》	动物生物	35 412	21 519
14	澳大利亚遭遇极端热浪 考拉被热晕	12月21日	《北京晨报》	气象灾害	32 151	5 581
15	"玉兔"发现新类型月球岩石 或与火山活动有关	12月24日	腾讯太空	太空探索	21 511	3 341
16	中国发射全球视力最佳高轨卫星"高分四号"	12月29日	新华网	航空航天	11 541	4 431

三、舆情分析

全国多地雾霾严重，舆论持续讨论雾霾来源及治理

1. 舆情概况

近几周雾霾天气持续影响全国，尤其北方及京津冀地区特别严重，舆论持续讨论相关话题，其中北京的雾霾天气特别受到网民关注。网络舆情的关注也呈现新特点，逐渐从表达对严重雾霾的惊恐、害怕、愤怒转为对雾霾的来源、国家与地方治理措施、雾霾天气期间政策措施产生的影响以及相关各个部门回应的关注。近两周"京津冀地区给$PM_{2.5}$划红线"以及"国家林业局回应雾霾增多因三北防护林说法不科学"舆情集中。

2. 数据汇总

雾霾相关舆情总量27万余条，传播主要集中在新闻、论坛和微博三大平台。

文章总数	论坛	博客	新闻	微博	纸媒	微信	APP新闻
276 541	65 812	9 121	112 515	42 641	9 871	11 251	25 114

3. 情感分析

舆情情感总体呈现中性，相比前一阶段负面舆情占比超50%已有所改善。

数说科普需求侧

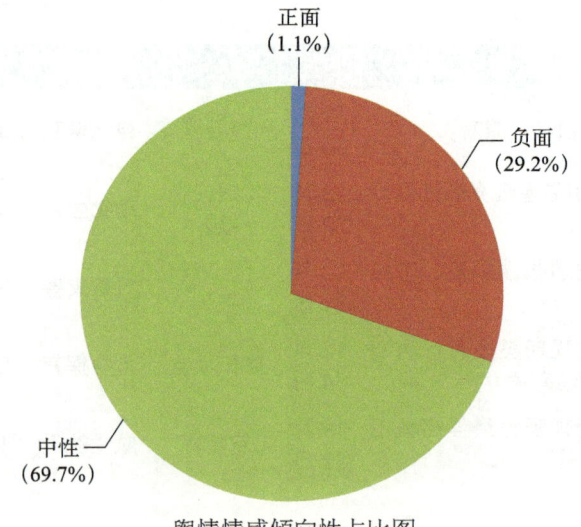

舆情情感倾向性占比图

正面 (1.1%)
负面 (29.2%)
中性 (69.7%)

4. 网民关注点

（1）关于治理雾霾等风来。

1）网民认为不应再等风来，要做实事治理雾霾。

抗霾神曲《吓死宝宝了》热传，歌曲呼吁大家不要再等风来，全民一同正能量抗霾。有网民评论："很贴近现实。"同时还有网民调侃说："还得抓紧做实事抗霾。"

网民"阿立 Paul"：现在的天气预报，雾霾俨然成为主角，刮风下雨不再显得那么重要，等风来成了盼望；见蓝天成了奢望……

网民"于惜墨"：雾霾问题越来越严重，到底什么时候才能得到治理？难道每天都要过着等风来的日子吗？

网民"咸鱼 Wa1t"：如果政府能够真正的有所作为而不是一味地等风来，雾霾来了不是赶紧制定防避政策，那么还用在这里唇枪舌剑吗？

2）媒体无奈表示目前"等风来仍是最靠谱的除霾方式"。

网易新闻转载中国广播网文章，发表题为《等风来仍是最靠谱的除霾方式》，其中列举了三种治理雾霾的方法：人工降雨、人工降雪、人工消雾。但认为物理除霾效果有限，缺少实践价值。消除雾霾，主要还是靠消除污染源，引起雾霾的罪魁祸首是 $PM_{2.5}$。

《财经》杂志官方微博发文《摄影师深入雾霾源头，拍到的场景让人绝望》，称：近期，北京启动了首个雾霾红色预警，华北地区再次大面积陷入雾霾的笼罩之中。尽管各种应急预案纷纷出炉，但人们似乎还是只能做"等风来"的键盘侠。

（2）关于京津冀给 $PM_{2.5}$ 划红线。

国家发改委发布《京津冀协同发展生态环境保护规划》，规划提出：到2017年，京津冀地区 $PM_{2.5}$ 年平均浓度要控制在73微克/米³左右。到2020年，$PM_{2.5}$ 年平均浓度要控制在64微克/米³左右，比2013年下降40%左右。

多数网民认为平均值设置不够科学，治理雾霾决心不够，担心数据可能会被作假。

网民"黄萝卜她爹"：又见平均，应该规定最高值。

网民"炫至无友"：竟然完全就没有考虑过消灭 $PM_{2.5}$。

（3）关于国家林业局回应雾霾增多因三北防护林说法不科学。

近年来各地雾霾越来越重，驱霾的风却越来越少。有人认为，风减少或与三北防护林有关。在国新办举办的新闻发布会上，国家林业局对此回应称，森林的防风作用仅限于近地风，根本达不到影响大气环流的程度，这种说法缺乏科学根据。

1）舆论呈现一边倒，几乎所有网民赞同林业局的回应，抨击专家并不认同防护林导致风减少加重雾霾的说法，认为雾霾不应靠风。

网民"smint_1106"：那大兴安岭里一定是雾霾最重的地方了。这种想法的来源真奇怪。

网民"vonen"：最奇葩的难道不是竟然认为雾霾治理得靠风吗？不过既然能怪到林业局的防护林头上，这言论的提出者本身就缺乏常识。

2）网民认同三北防护林对沙尘暴治理已产生效果。

网民"支持凯爷的姐姐"：北京沙尘暴时是我小学的时候，等我懂事儿的时候沙尘暴都治理好了。

网民"带线的匹诺曹"：居然想打防护林的主意，别忘了雾霾之前天都最恐怖的是沙尘暴。

（4）网民疑惑：雾霾再度来袭，空气净化器到底买不买？

持续的空气污染促使越来越多的消费者购买口罩、空气净化器等来自我构筑安全防线。据中国青年网报道，北京某小学家长集体请求在教室装空气净化器，引起网民直呼"太夸张，有必要吗？"但仍有大多网民赞同配备空气净化器，一瞬间空气净化器的热议话题被推上风口浪尖。

1）正方：雾霾天里装空气净化器是需要的。

网民"harrypingc"：空气净化器效果还是不错的，效果明显，但毕竟只能救救急的，出门在外就没有办法了。真心希望家里的空气净化器天天放着不需要再使用！

网民"亚力高"：不止$PM_{2.5}$，空气净化器能净化更小的颗粒。前提是要买正宗的净化器。用了就知道，效果明显。没有净化器，这种污染怎么受得了？

网民"阳羊羊羊羊羊羊羊"：给孩子们安装空气净化器是重中之重了。

2）反方：空气净化器只是心理慰藉，没必要用。

网民"刘芳菲"：大部分人买口罩、空气净化器以获得心灵或生理的安慰。

网民"春天之语"：太矫情，干脆把孩子关在家里自己教吧，省得提心吊胆！

网民"天下无双小广"：空气净化器主要是心理作用，实际效果非常小。

网民"pacific是我"：装了空气净化器就能够呼吸到新鲜空气吗？这就是个伪命题，应该是跟过去那个喝纯净水是一回事，不过是雾霾闹的和商家炒作罢了。

网民"花田"：安装空气净化器是被动思维方式，适者生存。污染促使人肺功能的进化变得更加强大。

四、科普启示

1. 科普治理雾霾的具体措施

网民对雾霾话题逐渐进入理性细化思考阶段，在追溯雾霾成因的同时逐渐期待国家能有更具体的治理雾霾的措施，但大家对国内目前已有治理雾霾的具体措施及效果，以及国外治理雾霾措施及效果知之甚少，在这类信息的科普上仍然有较大的空间。

2. 通过科普解答网民疑惑

日常防霾中关于空气净化器、口罩的效果已有不少争论，但仍然没有一个比较明确的观点，我们可以通过样本调查或实验方式科普相关知识。

3. 国外科技新闻热传时，可增加国内同类技术的科普传播

美国成功回收火箭，虽然国内也有类似火箭回收技术，但媒体报道量较少，传播有限。而期间歼十飞机的事故，更是让部分网友认为我国在航空航天技术上较落后。增加对国内已有的同类航空航天技术的科普，带动网民参与，能增强网民对国内航空航天技术的了解，提高网民对国家航空航天技术的自信心。

附录三 科普中国实时探针舆情月报

数/说/科/普/需/求/侧

科普中国实时探针舆情月报

（2015年10月1日～2015年10月31日）

目 录

一、热点排行

二、热点舆情概述

  1. 世卫组织确定将加工肉制品列为致癌物

  2. 多地学校操场跑道被曝光疑毒害健康 或致男孩绝育

  3. 网传火腿培根致癌 世卫否认

  4. 世卫组织再发警告：中式咸鱼等115种物质也致癌

  5. 环保部：国庆雾霾因秸秆焚烧

  6. 屠呦呦获诺贝尔生理学或医学奖

  7. 网易邮箱被曝过亿数据泄露

  8. 法修正案（九）施行 微信朋友圈传谣最高可判七年

9. 火爆朋友圈的核桃味瓜子 吃多了会变笨？

10. 微信"砍价"有骗局 多为获取用户个人信息

三、传播分析

1. 传播载体分布

2. 载体热度分布

3. 舆情热度走势

四、关键词分析

五、舆情特点研判

1. 10月网民舆情高度集中食品安全类健康问题

2. 传播渠道新型化，朋友圈成为重要的话题萌发来源和传播渠道

3. 官方辟谣和科普备受网友质疑

4. 信息安全领域问题日渐显现

六、舆情对策建议

1. 积极介入热点事件，借力热点事件开展科普工作

2. 着重科普健康和生态环境领域

3. 线上线下结合，让公众参与到科普工作中来

一、热点排行

2015年10月热点文章排行榜

排名	热点文章	日期	站点	关键词	阅读量	回复量
1	世卫组织确定将加工肉制品列为致癌物	10月26日	腾讯新闻	食品	309 452	13 445
2	多地学校操场跑道被曝光疑毒害健康 或致男孩绝育	10月14日	青青岛社区	健康	155 854	1 153
3	网传火腿培根致癌 世卫否认	10月24日	华西都市报	食品	122 142	5 234
4	世卫再发警告：中式咸鱼等115种物质也致癌	10月30日	凤凰网	食品	99 127	1 949
5	环保部：国庆雾霾因秸秆焚烧	10月7日	中国质量新闻网	环境	91 036	18 229

续表

排名	热点文章	日期	站点	关键词	阅读量	回复量
6	屠呦呦获诺贝尔生理学或医学奖	10月5日	网易新闻	科普	78 414	12 078
7	网易邮箱被曝过亿数据泄露	10月19日	腾讯新闻	信息	75 462	1 315
8	刑法修正案（九）施行 微信朋友圈传谣最高可判七年	10月28日	新浪微博	司法	62 946	1 958
9	火爆朋友圈的核桃味瓜子，吃多了会变笨？	10月19日	19楼	食品	60 921	3 252
10	微信"砍价"有骗局 多为获取用户个人信息	10月19日	新浪微博	信息	51 247	3 457

二、热点舆情概述

1. 世卫组织确定将加工肉制品列为致癌物

10月26日，世界卫生组织旗下的国际癌症研究机构将加工肉制品列为致癌物，因有"充分证据"表明其可能导致肠癌；红肉类也有致癌可能。在最新报告中，把热狗、火腿等加工肉制品列为1A级"一类致癌物"。在该报告正式发布之前疯传网络的消息中，"火腿培根致癌，与砒霜同级"等表述曾引发舆论热议。

10月29日，中国肉类协会发布声明反击：目前没有证据表明，有任何一种食品（包括红肉和肉类加工制品）被证实会引发或治疗任何癌症。

相关话题继续受到网民热议，"火腿培根＝砒霜"也被纳入北京市科学技术协会、北京地区网站联合辟谣平台、北京科技记者编辑协会共同发布2015年10月"科学"流言榜。吃货们表示担心：难道真得要从此只吃素食？专家表示，一类致癌物和其致癌性没有直接关系。只要适量，无论是火腿还是红肉，都可食用，若搭配新鲜蔬菜风险会更低。

2. 多地学校操场跑道被曝光疑毒害健康 或致男孩绝育

据中国之声《新闻纵横》报道，近日，媒体不断接到江苏苏州、无锡、南京、常州等多地学生家长反映，孩子上学后集中出现了流鼻血、头晕、起红疹等症状，他们怀疑与学校的塑胶跑道气味呛人有关。对此，校方无奈表示，找遍了当地所有检测单位，均无法出具检测报告。记者调查发现，我国已建室外塑胶跑道的有毒检测是一项行业空白。在我国，塑胶跑道从生产的工艺开始，到招投标采购、建设施工等各个环节都存在明显问题。塑胶跑道建设是以建筑工程立项的，中标单位多为建筑公司，而建筑公司中标后又会进行层层转包，另外，能对施工过程进行监督的监理公司也缺少化工方面的专业知识，根本无力对塑胶跑道的材料优劣进行辨别。这样的漏洞，也就给了施工方在建设中对材料做文章、掉包的机会。

南京林业大学理学院化学与材料科学系、聚氨酯专家罗教授认为，目前劣质塑胶的毒性污染源危害最大的是跑道中使用的有毒塑化剂，它能增加劣质跑道弹性，使其弹性达到国家标准。塑化剂中最常见的是邻苯类塑化剂，过量使用甚至将导致男孩绝育。

观点表示，本该为学校塑胶跑道安全把上最后一道关的当地环保、住建、教育、质监、体育局等相关部门均无法做到有效监管。入口把关不严，工程建设监管形同虚设，因此，"毒"跑道乘虚而入，很难被发现，成为孩子健康的隐形杀手。

多数网民认为监管部门应该严查全国各地学校塑胶跑道建设情况，严惩相关责任人，对工程项目负责人终身追责；也有网民呼吁恢复自然草坪；不少网民还表示国家应该完善相关环保检测标准体系。

3. 网传火腿培根致癌　世卫否认

10月24日，一则跟火腿、培根有关的消息火了！媒体援引英国《每日邮报》消息称：世界卫生组织预计26日将宣布，火腿、培根等加工肉制品为"致癌物"，即致癌程度最高的物质，与香烟、砒霜"为伍"。随后，世界卫生组织下属的"癌症研究署"在其官方网站上否认向任何媒体发布了这一消息，并称将于巴黎当地时间26日下午发布评估的详细结果。

多数食品安全领域的专家建议应尽量不吃或者少吃火腿、培根。也有专家认为不说剂量，只说危害，这明显是不科学的。

绝大多数网民对食品安全表示担忧，认为可以放心安全食用的东西已经很少了。也有网民质疑此类消息的真实性，认为少量食用无碍，但要控制好量。

4. 世卫再发警告：中式咸鱼等115种物质也致癌

据《中国日报》报道，世界卫生组织（WHO）近日发布研究报告称，除了加工肉制品和红肉外，包括中式咸鱼在内的115种物质可以致癌。这些致癌物包括：吸食烟草、饮酒、室内煤气、含砷的饮用水、制鞋修鞋、打扫烟囱、制作家具、勘探钢铁，等等。除此之外，生产铝、金胺以及橡胶也会致癌。中式咸鱼也在致癌物名单当中。

不少网民言辞偏激，认为报告不科学。同时，舆论还调侃中国的食品安全问题，讽刺专家建议。

5. 环保部：国庆雾霾因秸秆焚烧

环保部在10月7日通报，10月1日至10月6日期间，全国范围监测到疑似秸秆焚烧火点376个，比2014年同期增加53个，河南、山东、辽宁等地均比往年上升。

网民普遍质疑环保部结论，认为秸秆年年焚烧，雾霾不是单靠烧秸秆才产生的；小部分网民建议政府对破坏环境的行为加大处罚力度。

6. 屠呦呦获诺贝尔生理学或医学奖

10月5日，瑞典卡罗琳医学院在斯德哥尔摩宣布，中国宁波籍女科学家屠呦呦获得2015年诺贝尔生理学或医学奖，以表彰她发现了青蒿素治疗疟疾的新疗法。此消息一出，顿时在网上引发网民诸多讨论。屠呦呦女士的"三无"身份和此前的默默无闻，甚至屠呦呦女士的名字都让人关注。同时，屠呦呦年少时就读的效实中学以及她在宁波的旧居也都引起人们的讨论与关注。

网民多认为屠呦呦女士以"三无"身份获得诺贝尔奖是对中国院士制度的

一次拷问；也有网民认为屠呦呦女士凭借青蒿素获奖证明中医并不是伪科学；还有网民鄙夷与获奖后的屠呦呦拉关系的人。

7. 网易邮箱被曝过亿数据泄露

10月19日，有用户"路人甲"在国内安全网络反馈平台WooYun（乌云）发布消息称，网易163 126邮箱过亿数据泄漏，涉及邮箱账号、密码、用户密保等。同时有苹果用户发现iCloud账号被盗，与苹果客服沟通后，认定是用网易邮箱注册所致。网易回应称，此次事件，是由于部分用户在其他网站使用了和网易邮箱相同的账户密码，其他网站的账号信息泄露，被不法分子利用，侥幸尝试登录网易邮箱造成。

从目前已知的信息分析，此次安全危机或是数据泄露后，黑客"撞库"导致。所谓"撞库"，是指黑客通过互联网上已经泄露的账户 – 密码对信息，生成对应的字典表，批量尝试登录各种网站，获取一些可以登陆的用户的权限。

评论中网民情绪激动愤怒，表示自己的账号存在被盗或异地登陆的情况，尤其是网易对应的网游账号；也有网民表示已弃用网易邮箱多年，提醒大家做好密码修改工作，提高日常安全意识。

8. 刑法修正案（九）施行　微信朋友圈传谣最高可判七年

11月起，刑法修正案（九）正式施行，其中规定，编造虚假的险情、疫情、灾情、警情，在信息网络或者其他媒体上传播，造成严重后果的，处3年以上7年以下有期徒刑。

过半网民评论支持刑法修正案（九），表示终于可以不用忍受各种诸如养生常识、"不转不是中国人"的骚扰了。也有不少网民讽刺调侃《人民日报》造谣也要判刑。还有网民认为关键在于执行，目前网上各种平台各种各样的谣言层出不穷。

9. 火爆朋友圈的核桃味瓜子　吃多了会变笨？

最近一种零食十分走俏，那就是山核桃味的瓜子，据说好吃到让人停不下来，但网上却曝出吃了这种瓜子人会变笨的消息！专家说，瓜子无论是新的还是陈的，要想吃起来口感脆，秘密就在于加明矾。可是明矾中的铝，长期积累会造成记忆力下降、智力下降，甚至发展成老年痴呆，还会影响青少年的生长发育。

网民担忧瓜子的添加剂影响健康，调侃连瓜子都要自己做了；也有网民不以为然，认为山核桃味瓜子确实好吃，适当地使用食用添加剂属正常，量少吃点不会影响健康；另有一部分网民认为相关部门应该尽早公开检测结果，严查违法使用添加剂的厂家。

10. 微信"砍价"有骗局　　多为获取用户个人信息

近日，微信里掀起了"帮忙砍价"的热潮，称邀请朋友在链接中帮忙"砍价"，若砍到 0 元，则可免费获得 iPhone6s、相机，甚至价值十几万的车。殊不知，许多"砍价"链接的真实目的是获取用户的个人信息，用户最后不仅不会收到奖品，反而有可能被骗钱。

10 月 19 日，公安部官方微博发文《女孩朋友圈砍价 8 万元嫁妆全没了》，提醒大家注意此类骗局。

较多网民认为，腾讯作为平台，监管不力应负责任。舆论对骗子的行为表示愤怒，认为政府相关部门对微信应该作出相关管理规定。也有网民认为进入自媒体时代后，不但生活变方便了，同时抵御不良信息的风险也增加了，提醒大家小心骗局。

三、传播分析

1. 传播载体分布

10 月传播载体分布主要集中在互联网新闻，占比达 40%，其次为论坛和微信，占比 17% 和 15%。

此外，微博占比 13%，纸质媒体和博客占比为 5% 和 6%。APP 新闻占比 3%，占比较小。

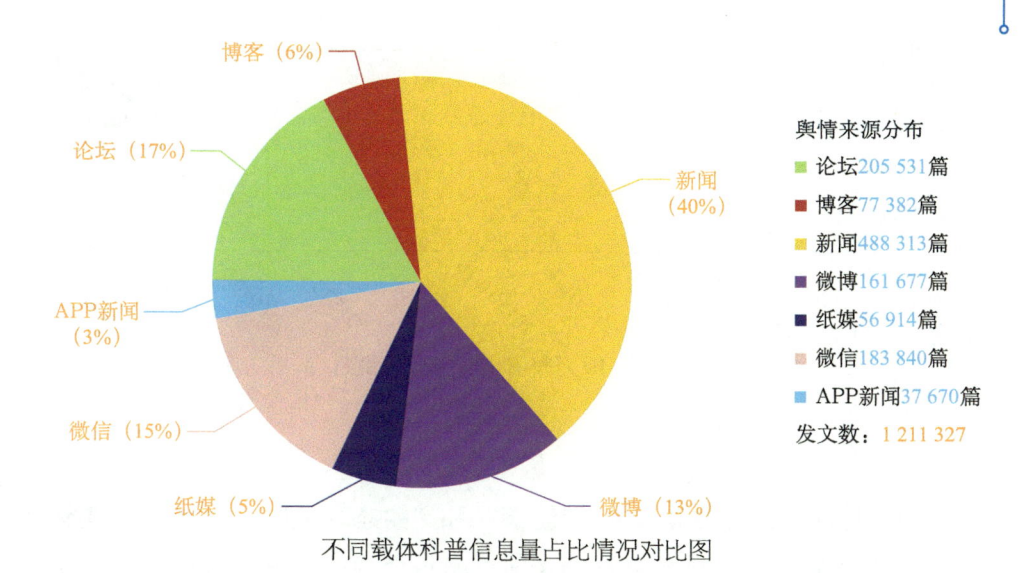

附录三
科普中国实时探针舆情月报

不同载体科普信息量占比情况对比图

舆情来源分布
- 论坛 205 531 篇
- 博客 77 382 篇
- 新闻 488 313 篇
- 微博 161 677 篇
- 纸媒 56 914 篇
- 微信 183 840 篇
- APP新闻 37 670 篇
- 发文数：1 211 327

2. 载体热度分布

在本月舆情热度方面，总发文量 1 211 327 篇，传播载体中新闻热度最高，达 488 313 篇；论坛其次，为 205 531 篇；第三是微信，为 183 840 篇。七大载体的平均发文数为 173046 篇。

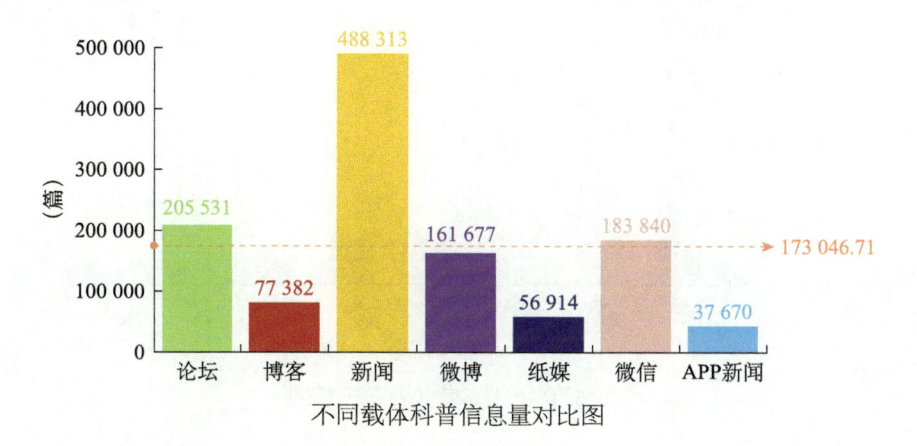

不同载体科普信息量对比图

3. 舆情热度走势

10 月整体舆情热度走势震荡波动，舆情高点集中在月中和月末。其中 10 月 27 日最高，10 月 4 日最低。

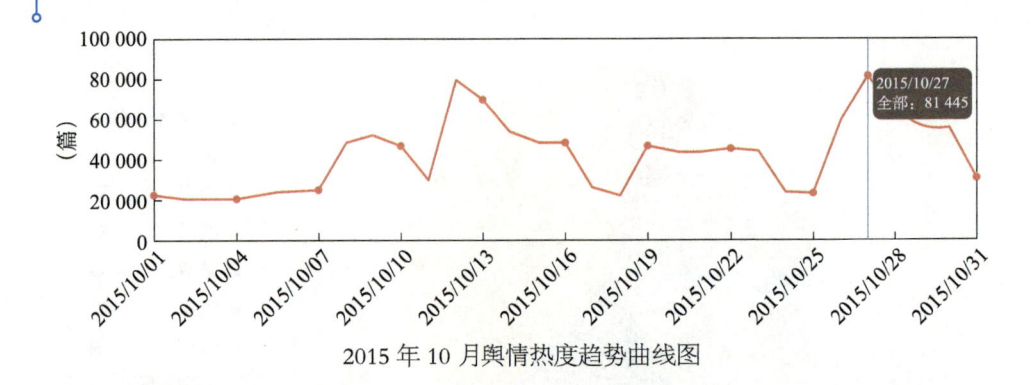

2015年10月舆情热度趋势曲线图

四、关键词分析

在10月科普相关关键词中,"健康"和"生态环境"位居前列。健康相关话题中,网民高度关注有毒塑胶跑道,对世卫组织将加工肉制品列为致癌物的讨论热烈。生态环境话题中,环保部回应国庆雾霾因秸秆焚烧遭到网民质疑。

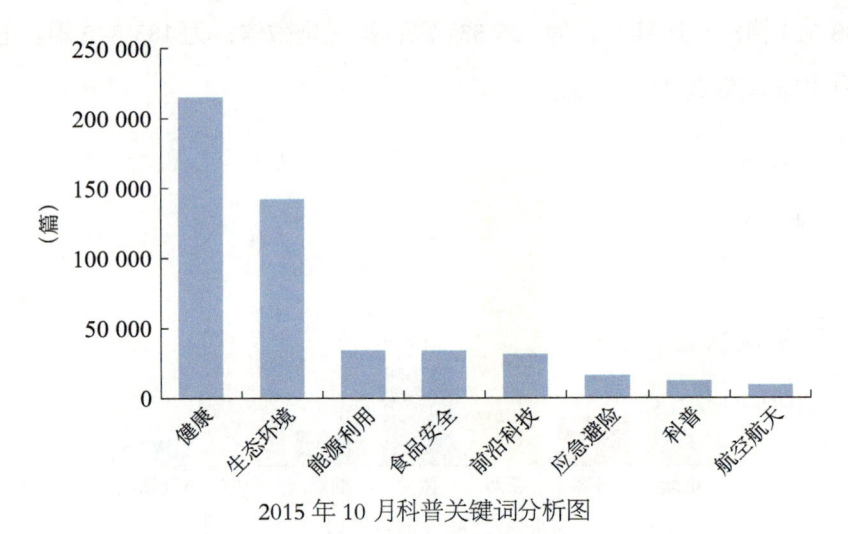

2015年10月科普关键词分析图

五、舆情特点研判

1. 10月网民舆情高度集中食品安全类健康问题

世界卫生组织从前期否认辟谣培根火腿致癌到最终确定将加工肉制品列为致癌物,再发警告中式咸鱼等115种物质也致癌,事件一波三折备受网民热议,三次上榜热点舆情。另外，火爆朋友圈的核桃味瓜子、环保部回应国庆雾霾因秸秆焚烧、有毒塑胶跑道事件均和网民切身健康相关而受到高度关注。

2. 传播渠道新型化，朋友圈成为重要的话题萌发来源和传播渠道

核桃味瓜子好吃来源于朋友圈，并在朋友圈逐渐发酵，引发明矾添加剂吃多会笨的话题继续在朋友圈广泛传播。与此同时，国家也加强了对朋友圈等网络谣言的管控措施，刑法修正案（九）规定微信朋友圈传谣最高可判七年，过半网友表示支持，但也不乏讽刺调侃之声。

3. 官方辟谣和科普备受网友质疑

本月环保部作为官方声音回应国庆雾霾因秸秆焚烧，官方的"科普"并未受到网民的信服反而引发更多的质疑声。

4. 信息安全领域问题日渐显现

网易邮箱被曝过亿数据泄露震惊了科技界，疯狂流转于微信"砍价"最终被验证多为骗局，实为获取用户个人信息。网民除了表示愤怒外，更加担心自己各种账号的安全性。

六、舆情对策建议

1. 积极介入热点事件，借力热点事件开展科普工作

屠呦呦获诺贝尔奖，可以借机弘扬医学家的科学精神，科普疟疾方面的知识，传播中医文化。在世界卫生组织将加工肉制品列为致癌物和辟谣培根致癌的一波三折中，如果我们能在网民疑惑争议时期积极介入，科普致癌物相关知识，不仅能提高传播影响力，更能合理引导网民理性思考和学习相关知识。

2. 着重科普健康和生态环境领域

作为和网民切身相关的话题，极易引发热点舆情，这两个领域应在科普工作中作为重点，此类话题内容应放置于日常宣传渠道（例如网站）的重要位置。

3. 线上线下结合，让公众参与到科普工作中来

除了在网站这类线上平台宣传日常科普外，同时应该将线上的网民引流至线下。可不定期在网站上推出相关主题，通过线上报名互动、线下参加展览展会或者路演等活动，让网民能够多方位地参与到科普互动工作中。

科普中国实时探针舆情月报

（2015.11.1～2015.11.30）

目　录

一、热点排行

二、热点舆情概述

　　1. 辽宁多地空气污染"爆表"沈阳　$PM_{2.5}$ 浓度超 1000

　　2. 国产大飞机 C919 下线

　　3. 成都巨响因飞机发出"音爆"

　　4. 华北多地 $PM_{2.5}$ 爆表　北京单站近千

　　5. 环保部揪出东北雾霾两大"病因"：燃煤企业超标排放

　　6. 英国科学家称使用植物油做饭可致癌

　　7. 小伙睡前吃泡面配雪碧　胃部充气膨胀如喷泉

　　8. 媒体报道南方供暖达成共识　网民担心加重雾霾

　　9. 世界机器人大会在北京召开

　　10. 全球最大"克隆工厂"落户天津　可复制多种非人动物

三、传播分析

　　1. 传播载体分布

　　2. 载体热度分布

　　3. 舆情热度走势

四、关键词分析

五、舆情特点研判

　　1. 雾霾话题受到高度关注并持续走热

　　2. 网民逐渐理性看待科学家科普及社会事件中的科普案例

　　3. 官方辟谣和科普继续受到网民质疑

4. 转基因和克隆技术逐渐受到网民关注

六、舆情对策建议

    1. 开设雾霾相关专题专栏

    2. 及时介入网民疑惑或有争议的热点事件

    3. 增加新技术、冷门技术但逐渐走热的内容科普

    4. 深入网民关注点有侧重的科普

一、热点排行

2015 年 11 月月度热点文章一览表

排名	热点文章	日期	站点	关键词	阅读量	回复量
1	辽宁多地空气污染"爆表" 沈阳 $PM_{2.5}$ 浓度超 1000	11月9日	中国新闻网	环境保护	1 335 124	33 487
2	国产大飞机 C919 下线	11月2日	观察者网	航空航天	221 541	42 154
3	成都巨响因飞机发出"音爆"	11月26日	《新京报》	航空航天	184 111	21 210
4	华北多地 $PM_{2.5}$ 爆表 北京单站近千	11月30日	《新京报》	雾霾环境	134 453	32 121
5	环保部揪出东北雾霾两大"病因"：燃煤企业超标排放	11月17日	每日经济新闻	环境保护	102 141	21 214
6	英国科学家称使用植物油做饭可致癌	11月7日	腾讯新闻	食品健康	101 112	12 141
7	小伙睡前吃泡面配雪碧 胃部充气膨胀如喷泉	11月24日	《余杭晨报》	食品健康	98 412	31 554
8	媒体报道南方供暖达成共识 网民担心加重雾霾	11月18日	新华网	环境保护	95 421	32 141
9	世界机器人大会在北京召开	11月23日	腾讯科技	机器人	88 741	15 411
10	全球最大"克隆工厂"落户天津 可复制多种非人动物	11月23日	新华网	克隆技术	66 521	9 871

二、热点舆情概述

1. 辽宁多地空气污染"爆表" 沈阳 $PM_{2.5}$ 浓度超 1000

11月8日,辽宁鞍山、营口、辽阳、铁岭等多个城市空气质量指数(AQI)超过 500 "爆表"。其中,省会沈阳的 $PM_{2.5}$ 浓度一度超过 1000,居当日中国重点城市空气污染首位,市民纷纷戴防毒面具出行。

环保专家分析,东北地区进入供暖期,燃煤导致空气中污染物增加,秸秆焚烧也会加剧空气污染。网民对这么高的污染指数感到惊恐,表示会减少出门;较多网民认为应采用更加环保的风电、太阳能、核电等新能源方式供热取暖,淘汰落后的煤电供暖;更有不少网民讽刺之前环保部关于雾霾因烧秸秆而产生的回应。

2. 国产大飞机 C919 下线

11月2日,经过7年时间设计研发的 C919 大型客机首架机在中国商用飞机总装制造中心浦东基地厂房正式下线。

多数主流平面和互联网媒体对比给予高度评价,认为 C919 下线标志我国创新能力大幅提升。也有部分媒体如观察者网整理出飞机零部件的供应商,资料显示除机身外,绝大多数核心零部件为美法两国和中国的合资公司供应,一时间引发媒体和网民关于国产大飞机是否为组装的质疑和讨论,不过支持和肯定国产大飞机的网民也占 4 成左右。

3. 成都巨响因飞机发出"音爆"

11月26日下午,多名四川成都市区及周边郊区县网民称,天空传来巨响。另有网民称,巨响导致家中门窗震动。当晚8时许,成都市人民政府新闻办公室官微通报称,成都飞机工业集团的飞机在成都市西北方向上空进行正常飞行时,突破音障发出音爆。

音爆名词解释:当物体接近音速时,会有一股强大的阻力,使物体产生强烈的振荡,速度衰减,这一现象俗称音障。突破音障时,由于物体本身对空气的压缩无法迅速传播,逐渐在物体的迎风面积累而终形成激波面,在激波面上声学能量高度集中。这些能量传到人们耳朵里时，会让人感受到短暂而极其强烈的爆炸声，称为音爆。

网民普遍对听到的巨大响声表示了惊恐，不少网民还反馈家里窗户玻璃被震碎；同时也有不少网民不相信是音爆产生的声音，认为是爆炸，同时猜测是超音速导弹或者其他武器；但也有不少网民对国家飞机制造技术感到骄傲，理解和支持国家相关工作，同时提醒媒体报道注意信息安全，做好保密工作，防止国外间谍偷窥。

4. 华北多地 $PM_{2.5}$ 爆表　北京单站近千

11月27日开始，华北多地出现雾霾天气并已持续多天，雾霾面积一度扩大到53万平方千米，程度之重创今年最高纪录。11月30日当天北京35个监测站中有23个达六级严重污染，北京单站 $PM_{2.5}$ 小时浓度最高超过900微克/立方米。

网民观点倾向极度负面，类似"没有雾霾的天气，首府人民已经不习惯了"比比皆是，甚至有网民做了不少讽刺诗，网民已从单纯地表达负面情绪转变到调侃、吐槽、讽刺。仅少数网民发表环保部门应该治理和期待蓝天的言论。

5. 环保部揪出东北雾霾两大"病因"：燃煤企业超标排放

近日，环保部连发三篇通报，分别介绍东北、京津冀及周边地区空气质量状况。据介绍，环保部督查组在东北三省的督查中，发现大量环境违法行为，齐齐哈尔市黑龙江黑化集团有限公司、华电能源股份有限公司等多家企业或旗下公司因超标排放被环保部点名。环保部在督查中主要发现了几方面问题：①个别企业未严格落实应急措施要求；②部分燃煤企业存在超标排放、治污设施建设不完善或未正常运行等问题。

网民对环保部的回应依旧持质疑和讽刺态度，并再次搬出环保部上次回应"雾霾因焚烧秸秆而起"的事件进行调侃。同时，网民关于加强对企业违法超标排放的行为进行严惩的呼声很高。不少网民也认为汽车尾气排放也是造成雾霾的重要原因之一。

6. 英国科学家称使用植物油做饭可致癌

据英国《每日电讯报》11月7日报道,英国科学家称,用玉米油或葵花子油等植物油做饭,可能导致包括癌症在内的多种疾病。科学家推荐使用橄榄油、椰子油、黄油甚至猪油替代普通植物油。

对此,营养学家顾中一表示:"我看了下原版新闻,有些地方有夸大误导之嫌。"多数网民质疑动物油比植物油健康的说法,猜测科学家联合商家炒作椰子油。

7. 小伙睡前吃泡面配雪碧 胃部充气膨胀如喷泉

近日《余杭晨报》报道,小曹在临睡前吃了两包泡面喝了两瓶雪碧,次日腹痛难忍。医生给他插了胃管,有大量气体随胃管排出,夹杂着糨糊般的液体和食物残渣。医生称:泡面中的食用胶和碳酸饮料发生作用,产生二氧化碳;且睡眠时胃肠蠕动减慢,致大量气体积聚,严重或致猝死。

多数网民表示好可怕,对自己的饮食表示担忧,庆幸和调侃自己吃了那么多垃圾食品还活着;不少网民质疑该现象因雪碧和泡面引起,吐槽小曹同时吃两包面喝两瓶雪碧太能吃,可能吃多了;不少网民也提醒大家尽量少吃不健康的垃圾食品。

8. 媒体报道南方供暖达成共识 网民担心加重雾霾

11月18日,新华社报道,随着南方极端天气增多和老百姓生活质量要求的提高,各界对于"南方也要供暖"已达成共识,当前争论的焦点其实是在于"如何供暖"。

多数专家建议,要根据地域特点,合理灵活地选择供热方式,独立自采而非集中供暖。同时,在计量方式上,也不能像以往那样"一刀切",需要探索更灵活的"分散计量"。与此同时,绝大多数网民则对南方供热会加重雾霾表示深深的担忧,也有很多网民表示如果供暖价格较高则更愿意选择空调取暖。

9. 世界机器人大会在北京召开

2015世界机器人大会于11月23～25日在北京国家会议中心召开，这是一场中外机器人群集的"武林大会"，工业机器人、服务机器人、特种机器人在博览会上争奇斗艳。

网民感慨科技发展迅速，其中能聊天的情感机器人"美女机器人"受到网民的较大关注。网民调侃宅男福利到来，此机器人可以成为女朋友；不少网民也认为"美女机器人"的着装还有待改进。

10. 全球最大"克隆工厂"落户天津 可复制多种非人动物

11月23日，天津开发区管委会近日与英科博雅基因科技（天津）有限公司签署战略合作协议，使全球最大"克隆工厂"落户当地，"克隆工厂"从事优质工具犬、宠物犬、非人灵长类、优质肉牛、顶级赛马等动物的克隆业务，加速实现克隆技术在现代畜牧品种改良中的应用以及特殊疾病模式动物的提供。合作公司已为包括中国在内的全球多个国家提供了550只克隆犬，用于执行机场、海关、协助警察等特殊任务。

多数网民不赞成这种行为，认为克隆违反自然定律，担心克隆技术应用到人类上，并调侃应该多克隆出些美女；仅少部分网民支持克隆技术的发展，认为应该往好的方向思考。

三、传播分析

1. 传播载体分布

11月传播载体分布主要集中在互联网新闻，占比达42%；其次为论坛和微信，占比17%和14%；此外，微博占比9%，博客和纸质媒体占比为9%和5%。APP新闻占比4%，占比较小。

2. 载体热度分布

本月舆情热度方面，总发文量1 361 887篇，传播载体中新闻热度最高，达570 050篇；论坛其次，为226 830篇；第三是微信，为194 325篇。七大载体的平均发文数为194 555篇。

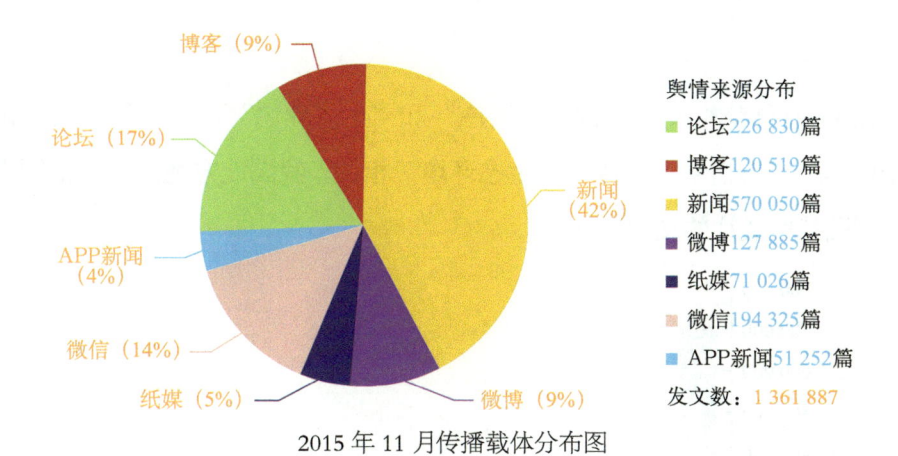

附录三
科普中国实时探针舆情月报

舆情来源分布
- 论坛 226 830 篇
- 博客 120 519 篇
- 新闻 570 050 篇
- 微博 127 885 篇
- 纸媒 71 026 篇
- 微信 194 325 篇
- APP新闻 51 252 篇

发文数：1 361 887

2015 年 11 月传播载体分布图

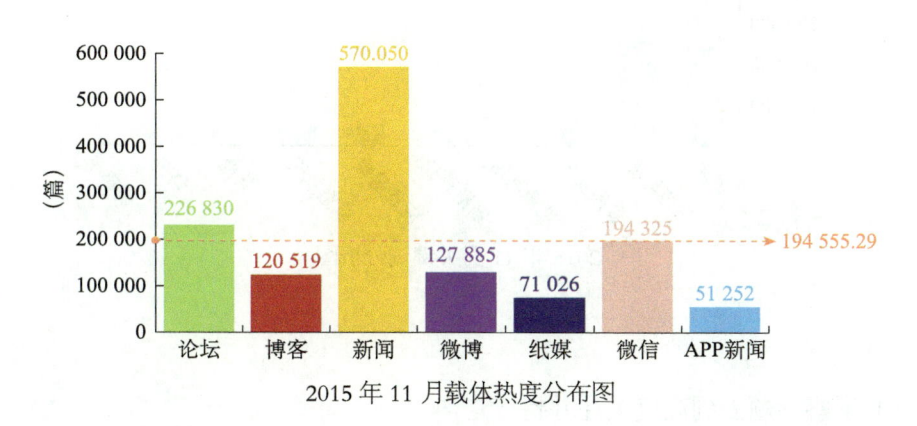

2015 年 11 月载体热度分布图

3. 舆情热度走势

11 月整体舆情走势平稳并震荡波动，舆情高点集中在月末。其中，11 月 30 日最高，11 月 22 日最低。

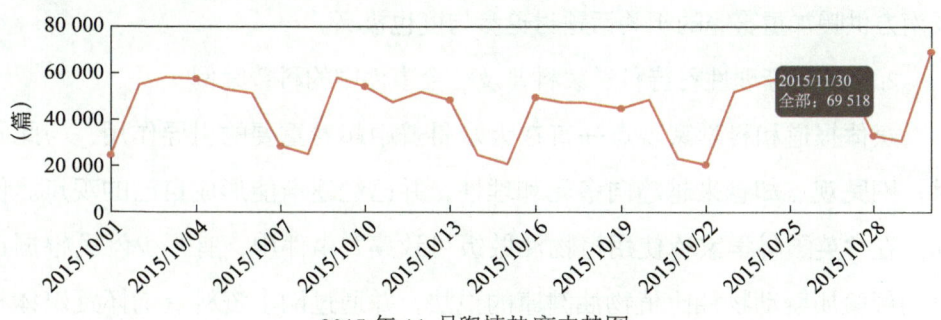

2015/11/30 全部：69 518

2015 年 11 月舆情热度走势图

四、关键词分析

在 11 月科普相关关键词中"健康"和"生态环境"依然位居前列。排行前十位的热点舆情中有 4 件与"生态环境"相关,我国北方地区的大范围雾霾成为网民持续关注的话题。

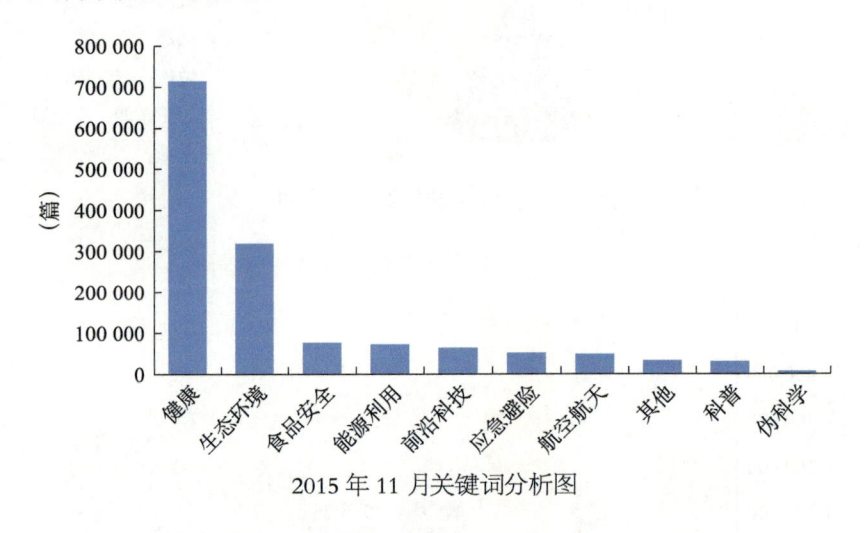

2015 年 11 月关键词分析图

五、舆情特点研判

1. 雾霾话题受到高度关注并持续走热

11 月热点排行前十位中有四个与雾霾相关。"辽宁多地 $PM_{2.5}$ 爆表 沈阳浓度过千"更是达到本月舆情的榜首。空气污染和大众网民的生活息息相关,并引发了长尾效应。网民除了对雾霾天气本身高度关注外,对环保部的回应以及南方供暖加重雾霾的相关话题讨论参与度也极高。

2. 网民逐渐理性看待科学家科普及社会事件中的科普案例

媒体报道和科学家观点一直在大众科普中起着重要的引导作用,与此同时,网民观点却越来越趋向多元和理性,并已经逐渐能形成自己的观点。例如,在"英国科学家称使用植物油做饭可致癌"事件中,有不少网民根据自己的经验质疑动物油比植物油健康的说法,并通过网上资料查询怀疑媒体和科学家炒作椰子油。在近期两起因碳酸饮料引发的悲剧中同样有所体现,"小伙睡前吃泡面配雪碧 胃部充气膨胀如喷泉"和"小伙每天喝近20瓶碳酸饮料 血糖过高死亡"事件中，有不少网民认为不能单纯地归咎于碳酸饮料，而应该深入分析其中的原因，事件当事人均有一定的疾病，碳酸饮料是诱发因素，仍旧坚持适当饮用和保持良好的饮食习惯无大碍的观点。而在"男子让女儿吃斗米虫治疗厌食症"事件中，绝大多数网民用小时候的亲身经历表达斗米虫对治疗厌食症有效果的观点。

3. 官方辟谣和科普继续受到网民质疑

成都发生巨响后，官方回应因飞机发出"音爆"，虽然官方给大众科普了一次"音爆"的概念，但近半的网民仍然持质疑态度。同样，环保部回应近期东北雾霾因燃煤企业超标排放，网民对此不以为然。出现类似情况与官方回应不及时以及日积月累较低的公信力息息相关。

4. 转基因和克隆技术逐渐受到网民关注

以往转基因和克隆技术似乎与大众较远，但随着科技的进步，转基因食品日渐增多，克隆技术走出实验室落地生产，两类话题逐渐进入民众的视线。"美国批准转基因三文鱼上市，遭反对者抗议"，国内网民纷纷表示不会食用。"全球最大'克隆工厂'落户天津可复制多种非人动物"和"科学家改写繁殖规则：两颗卵子产健康幼鼠"事件中，网民纷纷对克隆技术引发的道德伦理问题表示了担忧。

六、舆情对策建议

1. 开设雾霾相关专题专栏

近期雾霾天气席卷北方，网民关注持续走高，并有继续加强的趋势。目前网民舆情更多集中在对官方和相关部门的不满上，而对雾霾本身相关的知识，如AQI（空气质量指数）、$PM_{2.5}$、PM_{10}等依旧有很多的普及空间。同时雾霾已不是北方的专属，南方的雾霾天气也越来越严重，根据不同区域的情况实时展示雾霾动态地图，会有不错的科普效果。

2. 及时介入网民疑惑或有争议的热点事件

网民在微博微信上疯传成都飞机音爆事件照片和消息后才有回应，无疑是非常不及时的。而在此期间网上充斥着网民的各种疑惑、惊恐、谣言，我们作为第三方及时通知相关单位，并在官方未回应前适量做出科普报道，能有效遏制谣言的传播。在官方回应后获得较大质疑时，能更深入更致地分析、普及音爆相关历史案例、原因、影响等，不仅能起到协助作用，更能提高影响力。

3. 增加新技术、冷门技术但逐渐走热的内容科普

互联网时代，网民对新科技、新技术的关注越来越趋向自主化、潮流化，我们更应走在网民前面，普及前沿科技，引领科技关注潮流。除最近较热的克隆技术、转基因相关话题外，石墨烯、新能源电池、虚拟现实等话题可以增加相关内容的宣传。

4. 深入网民关注点有侧重的科普

以世界级机器人大会为例，官方和媒体对大会内容本身层面的报道较多，而网民最关注的在仿真类人机器人类的"美女机器人"，对此在网民关注点上的挖掘欠缺。针对网民最关注的仿真机器人细分类，我们可以多些"接地气"的报道，能获得较好的效果，以此类推，其他宣传也可以结合网民关注点来进行。

科普中国实时探针舆情月报

（2015.12.1～2015.12.31）

本报告由中国科协科普部、新华网、中国科普研究所联合发布

一、舆情概况

2015年12月，科普中国实时探针共采集到相关数据2 505 306篇，舆情主要集中在新闻和论坛平台，其中博客平台超过10%，并有上升趋势。12月舆情总体走势震荡，舆情高点集中在月中，其中全国大范围雾霾和世界互联网大会召开为主要影响事件。

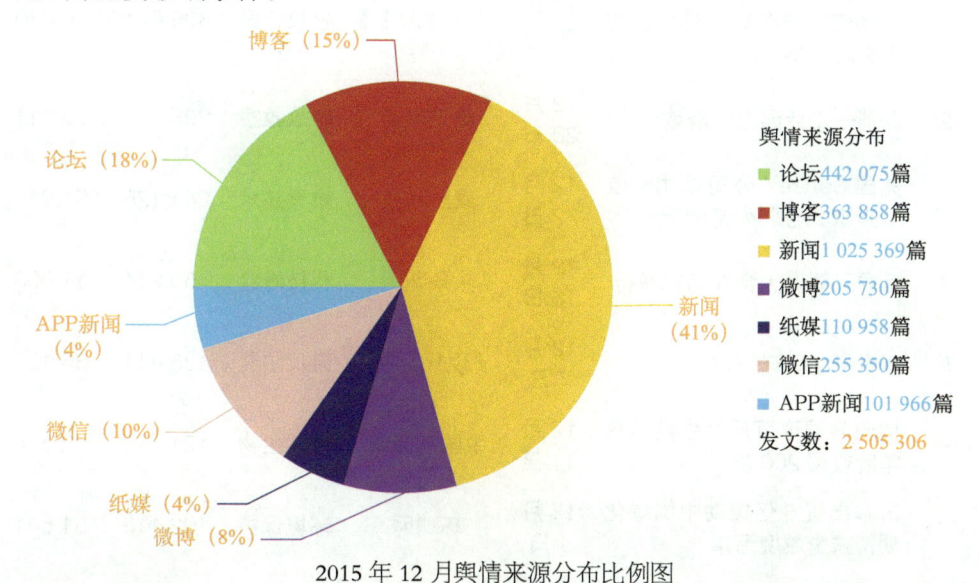

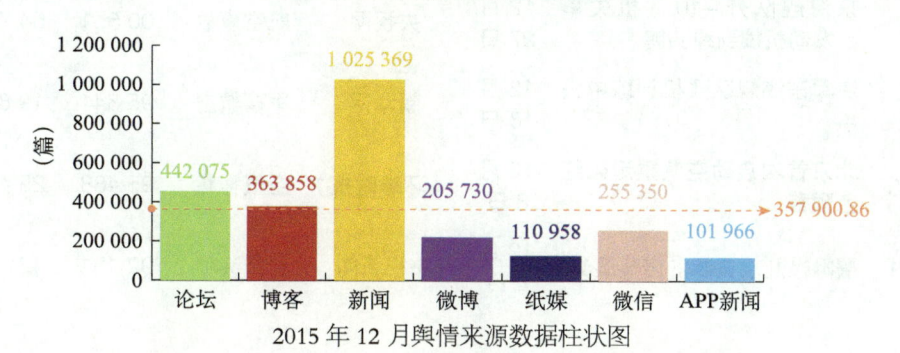

舆情来源分布：
- 论坛 442 075篇
- 博客 363 858篇
- 新闻 1 025 369篇
- 微博 205 730篇
- 纸媒 110 958篇
- 微信 255 350篇
- APP新闻 101 966篇
- 发文数：2 505 306

2015年12月舆情来源分布比例图（博客15%、论坛18%、APP新闻4%、微信10%、纸媒4%、微博8%、新闻41%）

2015年12月舆情来源数据柱状图（论坛442 075、博客363 858、新闻1 025 369、微博205 730、纸媒110 958、微信255 350、APP新闻101 966，均值357 900.86）

数说科普需求侧

2015年12月舆情走势图

二、热点排行

2015年12月热点文章排行榜

排名	热点文章	日期	站点	关键词	阅读量	回复量
1	"东方之星"号客轮翻沉事件调查报告公布 属特别重大灾难性事件	12月29日	《京华时报》	事故救援	306 871	215 410
2	深圳一工业园山体滑坡	12月20日	腾讯新闻	事故救援	295 417	85 111
3	美国SpaceX公司成功回收"猎鹰9号"火箭创历史	12月22日	凤凰科技	航天技术	245 125	151 214
4	世界互联网大会在乌镇举行	12月16日	头条新闻	科技峰会	150 214	11 983
5	屠呦呦领取诺贝尔奖	12月7日	《现代金报》	诺贝尔奖	135 411	35 165
6	重庆溶洞现百斤野生娃娃鱼 年龄或超200岁	12月11日	中国新闻网	自然生物	121 419	42 514
7	日本出资5亿援助中国绿化 期待减少越境污染	12月4日	环球网	环境保护	102 118	51 541
8	东海舰队歼-10飞机失事因发动机撞到绿头鸭	12月27日	央视网	航空事故	100 551	54 789
9	海军东海舰队飞机训练中失事	12月18日	新华网	军事航空	95 841	19 871
10	北京首次启动空气重污染红色预警	12月8日	《环球时报》	空气雾霾	95 488	25 456
11	屠呦呦赴瑞典参加诺奖颁奖	12月4日	央视新闻	科技奖项	92 151	42 151

续表

排名	热点文章	日期	站点	关键词	阅读量	回复量
12	北京再次发布空气重污染红色预警	12月18日	财经网	雾霾污染	77 841	18 741
13	广电总局将强制推广普及TVOS2.0系统	12月28日	中国经济网	互联网+	68 745	35 484
14	京津冀给$PM_{2.5}$划红线：2020年比2013年降四成	12月31日	《京华时报》	大气雾霾	68 451	21 584
15	18岁女生骑"死飞"摔下山崖身亡 不知"死飞"无刹车	12月28日	《钱江晚报》	事故救援	64 751	44 351
16	河南内黄农民自制"大飞机"外形酷似波音737	12月28日	新华网	航空航天	58 791	21 541
17	计划生育法草案：禁止买卖精子、卵子、受精卵及代孕	12月21日	中国网	生殖生育	58 451	44 121
18	第21届联合国气候变化大会通过《巴黎协定》	12月13日	头条新闻	气候大会	54 151	7 541

三、舆情特点

1. 热点事件带动同类话题走热

美国Space X公司成功回收"猎鹰9号"火箭触发航空航天类话题走热，民众在赞叹航天科技发展的同时，开始关注本国航空航天领域相关的知识、事件、技术。互联网已经成为新时代生活中不可缺少的一部分，世界互联网大会在中国召开，提升了中国互联网在世界互联网中的地位，民众期待国内互联网未来能更加自由、开放和与世界接轨。与此同时，雾霾话题持续发酵，进入新阶段，大家对雾霾担忧害怕、愤怒、讽刺后开始深思追溯雾霾的来源，关注国家更加实际的治理措施，从自身生活中反馈因交通管制、单双号限行、停课带来的不便。

2. 官方的回应或科普依旧受质疑

这在歼-10飞机坠落因绿头鸭事件网民的强烈质疑中有明显体现，更有甚者如广电总局强推TVOS2.0，网民和媒体纷纷吐槽，无疑是对新兴科技自由化市场化发展的巨大打击。

3. 科普舆情信息来源呈现"民间化""社会化""趣味化"趋势

"农民自制大飞机""可乐当水喝""男子让女儿吃斗米虫治疗厌食症"……越来越多的事件来源于民间,再加上媒体"趣味化"的标题放大了这一效应,而从阅读数、点击数、评论数来看,网民似乎也更加热衷于参与对此类话题的讨论。